云服务资源访问控制框架与数据隐私保护机制研究

杨绍禹　著

中国水利水电出版社
www.waterpub.com.cn
·北京·

内 容 提 要

本书对云服务资源的访问控制方法和云端数据的隐私保护方法进行研究，设计了基于细粒度云服务资源安全属性描述体系，通过基于描述逻辑的冲突检测方法和授权策略有效性检测方法，为云服务资源组合提供一种基于属性协商机制的信任验证方法；分析了各种隐私保护机制的安全性和可用性，设计了基于差分隐私技术的分布式数据隐私保护解决方案，通过实验验证了该解决方案在分布式存储数据上的应用效果。

本书对云服务资源安全体系进行了较为全面的阐述，对数据隐私保护问题进行了深入剖析，理论证明和实验验证并重，适合计算机科学、数据分析和网络安全等相关学科专业高年级本科生、研究生以及广大研究云计算安全问题的科研工作者参考。

图书在版编目（CIP）数据

云服务资源访问控制框架与数据隐私保护机制研究 / 杨绍禹著. -- 北京 ：中国水利水电出版社，2021.4
ISBN 978-7-5170-9539-2

Ⅰ．①云… Ⅱ．①杨… Ⅲ．①云计算－访问控制②云计算－数据处理－安全技术 Ⅳ．①TP393.027

中国版本图书馆CIP数据核字(2021)第072917号

书　　名	**云服务资源访问控制框架与数据隐私保护机制研究** YUNFUWU ZIYUAN FANGWEN KONGZHI KUANGJIA YU SHUJU YINSI BAOHU JIZHI YANJIU	
作　　者	杨绍禹　著	
出版发行	中国水利水电出版社 （北京市海淀区玉渊潭南路 1 号 D 座　100038） 网址：www.waterpub.com.cn E-mail：sales@waterpub.com.cn 电话：(010) 68367658 （营销中心）	
经　　售	北京科水图书销售中心 （零售） 电话：(010) 88383994、63202643、68545874 全国各地新华书店和相关出版物销售网点	
排　　版	中国水利水电出版社微机排版中心	
印　　刷	清淞永业（天津）印刷有限公司	
规　　格	184mm×260mm　16 开本　8 印张　210 千字	
版　　次	2021 年 4 月第 1 版　2021 年 4 月第 1 次印刷	
定　　价	**78.00 元**	

前言

近年来，云计算以其所具有的弹性的服务组合方式、低碳化的能源消耗和集成化的服务模式等特性，受到国内外学者和企业的关注与青睐。云服务资源分布式的存储结构和组合式的服务模式，在为用户提供便捷的云服务的同时，也存在着安全隐患。这些安全问题包括：跨域服务资源安全属性不易描述，服务资源身份信息等敏感属性存在泄露风险，服务资源之间容易产生授权规则的冲突和冗余，服务组合授权规则之间可能存在循环依赖和授权可达性问题。

本书内容包括两个部分，云服务资源访问控制方法（第1～6章）和海量数据隐私保护方法（第7～10章）。第1章描述了云计算结构和比较了不同的计算模式；第2章对可信云服务安全属性给出细粒度的描述框架；第3章对跨域服务资源远程信任验证方法进行研究；第4章采用本体论描述云服务资源访问控制策略；第5章利用动态描述逻辑对细粒度属性授权规则建立推理模型，并分析评估了规则冲突的检测效果。第6章针对属性协商过程中协商过程可达性和循环依赖问题，给出了基于时序动态描述逻辑的推理方法。第7章对传统的数据隐私保护方法在云存储中的应用进行了比较分析；第8章设计一种基于取整划分的 k-匿名隐私保护方法；第9章对 Map-Reduce 模型下的数据隐私保护机制进行研究；第10章运用差分隐私保护机制对二维数据流发布过程进行处理，保证数据安全性的前提下提高二维数据流的可用性。

本书由华北水利水电大学杨绍禹撰写。在编写过程中得到了中国水利水电出版社的大力支持，还参考了一些学者的文献资料，在此一并表示深深的感谢！

云安全问题涉及领域广泛，许多概念和理论有待进一步探讨和研究。作者水平有限，撰写时间仓促，因此书中谬误在所难免，恳请读者指正。

作者

2021 年 1 月

目录

第 1 章

绪　　论

　　随着计算机体系结构和网络拓扑架构的更新和发展，传统的软件系统与功能应用定义的内涵与外延正在悄然发生着改变。许多新的开发和应用思想正酝酿着信息技术领域的一场新的变革，基于面向服务（Service Oriented Architecture，SOA）思想的云计算（Cloud Computing）技术就是这场变革的产物。云计算将传统的信息资源，如计算、存储、网络和数据等元素，组成服务、应用和基础架构等不同类型和功能的"资源池"组件，也被称为服务资源[1]。这些服务资源可以快速地规划、部署、配置和撤销，并且能够根据用户或者负载的需求扩充或者缩减资源的规模。云计算以其灵活的组合方式、高效的计算能力、海量的数据存储、柔性的空间扩展和绿色的能耗模式，越来越多地受到业内人士的认可与好评。

　　但是，相较传统的计算机体系架构，分布式的存储结构和组合式的服务模式使得云服务资源的安全保护问题显得尤为突出。云服务用户对自身数据的控制能力有限，云端信息资源可能被恶意篡改或盗取。由于云计算复杂的服务架构，使得敌手通过非法手段从安全防护的薄弱点入侵云端服务资源。这些敌手可以伪装成合法云服务用户或云端内部的资源管理者。而对于云用户来说，一些敏感的隐私数据，如个人信息、医疗档案、信用卡信息等，在毫不知情的情况下被泄露出去。这些服务资源的安全威胁和数据泄露的风险在云计算平台中广泛存在，以至于思科（CISCO）的首席执行官这样评价云计算的安全问题"云计算是信息安全保护的梦魇，它无法用传统的安全解决方案来处理"。而在学术界，关于云计算环境下信息安全保护问题的研究已经成为目前的研究热点。

　　本章从分析云计算体系结构入手，简要地阐述了云服务资源存在的安全威胁和数据泄露风险。对当前云安全关键技术的研究现状进行了整理，分析了云服务资源安全保护机制有待完善和提高的地方。对主要的工作内容和本书的结构安排进行了阐述，总结了本书的主要创新点。

　　回顾计算机及其应用架构的发展历史，从大型计算机、无盘工作站到客户端/服务器（Client/Server，C/S）、浏览器/服务器（Browser/Server，B/S），每一次的技术架构更新换代都给信息技术领域带来一场变革，云计算也是如此。云是一种象征性的说法，它是对规模庞大的 Internet 的一种形象比喻，也是对云用户对云端部署和服务透明访问的直观表述。通过在云端部署计算、存储、网络和数据等资源，云计算提供商（Cloud Service Provider，CSP）可以满足用户提出的不同层次的服务请求。相较之前的计算机体系架构，云计算具有更好的通用性、可扩展性和灵活性。

1.1　云计算定义

关于云计算的定义，很多科研机构和研究人员都给出了各自的理解和描述，但是目前为止，还没有比较全面和规范的云计算的定义。

加特纳 IT 研究和咨询机构（Gartner）认为云计算是一种计算方式，它利用 Internet 技术，将大规模的 IT 计算能力以"服务"的形式提供给外部客户[2]。对于云计算来说，服务是最重要的概念，相比较于组件它更容易被定义和度量。这使得云服务管理者能够方便地进行服务质量控制和资源价值评估等操作。大规模的 IT 计算能力包括了各种计算资源，利用廉价设备的集群优势，降低服务成本，增加资源部署的弹性，降低用户使用门槛。

加州大学伯克利分校分布式系统研究所（UC Berkeley Reliable Adaptive Distributed Systems Laboratory）认为云计算包括了 Internet 作为服务发布的应用程序，也包括提供这些服务的数据中心中的软硬件。为互联网上的服务提供支持的软硬件设施被称为云[1]。

国内进行云计算相关研究的刘鹏教授认为云计算本质上是计算池。而云计算是一种商业计算模型，它将计算任务分布在大量计算机构成的资源池上，使各种应用系统能够根据需要获取计算力、存储空间和信息服务[3]。

美国国家标准与技术研究院（National Institute of Standards and Technology，NIST）对云计算的定义是：云计算是一种模式，它把无处不在的、方便的、按需分配的网络访问请求任务交付给一个共享的、可配置的计算资源池。这些计算资源可以快速地分配和释放，而只需极少的管理工作和服务提供商的互动[4]。NIST 还定义了云计算模型的 5 个基本特性、3 个服务模式和 4 种部署方式，从多个角度描述云计算服务提供形式和资源部署方式。NIST 的定义是目前使用比较广泛的一个。

以上是关于云计算的定义，从不同的角度进行了描述，从这些定义中可以看出云计算具有如下几个显著的特点。

（1）按需自助服务。对于云计算使用者来说，可以根据自身对服务内容、质量以及费用等需求，按需定制云服务。这种定制过程无须与部署和开发人员进行烦琐且低效的沟通。相比较传统的系统应用，以服务为主要功能模块的需求易于获取。定制化的服务在云端易于进行部署与度量。

（2）快速灵活的资源部署。云端服务通过灵活的、弹性的资源配置与部署满足云用户提出的定制化的服务需求。云端服务管理者根据服务需求对资源进行组合，将满足用户需求的资源利用网络架构实现逻辑的功能整合。在提供给用户的服务周期结束以后，云端服务管理者回收部署的资源，释放运行在其上的服务。服务对于资源弹性的调用和释放的能力可以实现服务需求的快速伸缩和匹配。由于这种快速且灵活的资源部署使得云用户对于云计算的服务能力有无限的期待。

（3）用户透明的服务体验。云计算平台将计算和存储等资源以服务的形式对外发布，使得云用户可以像使用其他二次能源一样，方便、快捷地使用云服务。云用户对于服务的基础架构、操作平台、部署位置等因素都是一无所知的。用户只需要提供对服务质量的需求，而云端也只需要提供满足用户需要的服务即可。对于用户来说，服务就是按照用户要求加工的信息，而其中的处理和加工过程无须了解。

（4）共享资源池。为了提高使用效率，云端的服务资源常以多租户的模式服务多个云用户。云服务端各种物理的和虚拟的资源按需进行分配与再分配。这些资源的具体位置和部署物理环境是透明的。提供给云服务管理者的是这些资源的计算、存储和带宽等性能信息。根据服务的需要，不同物理位置的资源会根据性能表现组合在一个共享资源池中，为用户提供服务。

（5）服务可测评与度量。由于云计算服务提供形式比较简单，对云计算的服务质量控制（Quality of Service，QoS）可以进行指标度量（比如存储能力、处理能力、服务带宽和数据流量等）。这些度量指标可以为云服务管理者提供调整资源配置和部署的根据，也可以为云用户按需付费（Pay－as－You－Go）模式提供付费标准和依据。

1.2　云计算结构

云计算体系规模庞大，组成元素众多，结构复杂且烦琐。为了更好地描述云计算的组成与结构，需要从多个角度综合地对不同需求云服务建立结构模型。NIST 从资源层次和服务部署的视角描述了云计算平台组成[5]，而国际开放研究组织（The Open Group）的云计算小组（The Jericho Forum）从服务、管理者与所有者属性之间的关系图形化展示了云服务模型[6]，如图 1.1 所示。

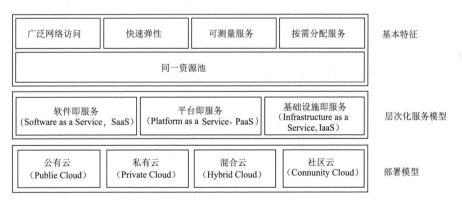

图 1.1　NIST 云计算架构

1.2.1　资源层次视角

图 1.1 中的云计算结构是根据云资源部署层次来表述不同形式的云服务的。NIST 最早给出了层次化的云计算结构模型。在这个模型中，云服务属于三个不同资源类型的层次框架。这三种不同的资源类型层次框架被称为"SPI 模型"[4]。SPI 分别代表软件、平台和基础设施，也就是软件即服务（Software as a Service，SaaS）、平台即服务（Platform as a Service，PaaS）以及基础设施及服务（Infrastructure as a Service，IaaS）三种不同层次的服务。

1. SaaS

SaaS 为云服务用户提供运行在云端基础设置和平台层上的应用程序（如在线文档系

统、海量数据分析和邮件服务等）。这些程序大多采用瘦客户端形式，利用 Web‐Service 技术来对云端服务进行请求和响应。云用户无须考虑使用的软件服务来自于哪些平台或者哪些设备。

2. PaaS

PaaS 平台层提供的服务主要是为了保证软件服务能够正常运行，包括所必需的软件程序库、管理工具和数据支持等服务和工具。同时，管理和控制底层云基础设施各个设备之间的运行和通信，包括设备负载均衡、流量监控、数据划分与集成等服务。

3. IaaS

IaaS 层次的服务主要用来提供计算、存储和网络等基础性的服务资源，是整个云计算环境的基础支撑。云服务用户可以获得类似于计算机硬件的服务能力，同时还可以控制网络架构，部署服务集群。

在 SPI 分层服务模型中可以看出云计算环境的服务提供形式多种多样。各层服务之间有一定的联系，上层服务需要下层服务的保障和支持。

1.2.2　服务部署视角

按照云服务部署的规模与可控边界范围，又可以分为公有云（Public Cloud）、私有云（Private Cloud）、混合云（Hybrid Cloud）和社区云（Community Cloud）4 种。

1. 公有云服务

从资源管理方式上来看，公有云是针对公共空间或者大型集团组织提供服务的体系架构。由于部署在开放性环境中，公有云对资源的管理和控制是较为困难的。从网络拓扑结构上来看，公有云大多面向广域网或者城域网环境，覆盖范围广泛，包含节点众多，服务提供者与消费者角色关系复杂。公有云服务对用户来说使用更方便快捷，随时都可以获得云端的各种服务，但是由于其部署环境复杂，资源管理难度和安全风险也非常高。

2. 私有云服务

私有云服务针对某一个可控边界内的资源进行部署和调度，对资源和服务的控制能力要比公有云强一些，但是，服务范围没有公有云大，服务接入方式不是很灵活。由于边界可控，私有云边界内的资源可以集中管理和控制，边界内的服务称为域内服务，为域内其他资源提供支持；边界外的服务称为域外服务，为用户提供所需求的服务。相比较公有云环境，私有云具有更好的可控性，便于进行安全控制和资源管理。

3. 混合云服务

混合云服务架构综合了公有云、私有云和社区云的特点，它是介于公有云和私有云之间的折中模型。一方面云服务资源在广域网范围内完成部署，并为云用户提供服务；另一方面，通过制定严格的管理和控制标准规范，把广域网中的服务资源限制在逻辑的可控边界内，以便于进行安全管理和资源调度。

4. 社区云服务

社区云服务是对一个特定的领域社区提供支持的多个由管理组织控制的私有云服务。在这个社区中，资源被重新统一进行调配和管理（比如任务分配、安全策略等）。对于云服务资源的控制和管理，可以由社区云组织完成，也可以由专门第三方管理机构来完成。

1.2.3 服务属性视角

对于云服务资源不仅需要考虑服务部署、资源组合和服务层次等因素,还需要考虑这些服务资源所具有的属性以及资源在部署和管理中所处的位置。Jericho Forum 组织给出了一个云立方概念模型,把云资源通过不同的属性元素定位在一个三维的立方体中[6],如图 1.2 所示。

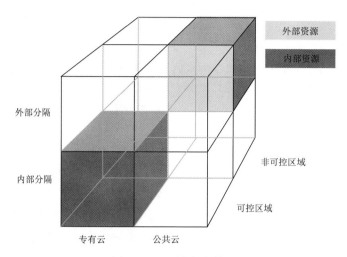

外部资源
内部资源

外部分隔

内部分隔

非可控区域

可控区域

专有云　　　公共云

图 1.2　云立方框架模型

云立方框架模型把目前云计算所提供的服务资源,按照 4 个方面的属性分布到立方体结构中的对应位置。通过区分不同属性特点的服务,立方体模型对云服务资源清晰地进行了定位,这为分析云计算中的安全问题和解决方法提供了帮助。

以上几个比较常用的云立方框架模型从不同的视角对云服务进行了描述。这些描述反映出云服务的提供与消费是彼此对应的。云服务用户的需求是选择何种层次的云服务,采用哪种部署模式和满足什么样的服务属性的主要依据。相比较概念性的云立方体模型,NIST 定义的云计算结构模型的实用性更高一点。下面从 5 个方面对 NIST 云计算结构模型的特点进行比较。

表 1.1 从服务管理者、硬件依赖、服务边界、灵活性和安全性几个方面,对 NIST 的几种云计算架构进行了比较。整体上来看,资源层次视角模型由提供商承担了主要的管理任务,相对集中的管理也使得服务边界比较清晰,安全性较高;而服务部署视角的模型由于服务管理者成分复杂,服务边界模糊,但是服务的灵活性比较好。

表 1.1　　　　　　　　　　　云计算架构比较

云计算架构	服务管理者	硬件依赖	服务边界	灵活性	安全性
SaaS	CSP	弱	用户应用级	弱	高
PaaS	CSP	平衡	操作系统级	平衡	高
IaaS	CSP	强	物理层设备	强	低
Public	CSP	弱	无	强	低

续表

云计算架构	服务管理者	硬件依赖	服务边界	灵活性	安全性
Private	CSP	强	专有区域	平衡	低
Community	内部管理	平衡	内部区域	弱	低
Hybrid	第三方机构	弱	组合区域	平衡	高

在资源层次视角中,处于底层的基础设施层对于硬件的依赖比较高,服务主要限制在硬件资源环境,服务之间的迁移比较方便但资源安全性较低;处于中间部分的平台层服务边界在授权的基础设施操作上,相比基础设施层安全性有所提高但灵活性有所降低;而软件层服务与云用户的交互比较频繁,其服务边界主要是用户的服务访问授权,基本上与基础硬件没有太多联系。由于安全保护和服务迁移需要很多依赖的服务资源共同完成,因此,安全性相对较高而灵活性较低。

在服务部署视角中,公有云服务由于其服务边界无法确定,具有很强的不可控性,因而安全性很差。由于公有云具有覆盖范围广泛,提供服务形式丰富,在其上的服务资源迁移频繁,灵活性比较高。私有云服务可以清晰描述域内和域外服务资源,域间服务迁移受到一定限制;对于域内服务来说,相当于数据中心,硬件的依赖性比较强,具有一定的安全威胁。社区云与私有云类似,只是其管理者是社区内的组织机构,这样服务间迁移的限制就更多,而安全性相比私有云没有提高。对于混合云来说,其服务管理者是第三方的机构,对于服务提供商和用户来说,这个机构是独立的。由于采用公有云的域外服务模式和私有云的域内资源管理,其灵活性有所提高,混合云的安全性相比较其他几种服务部署是最高的。

1.3 计 算 模 式 比 较

云计算作为当前信息领域研究的热点,受到广泛的关注。由于其采用了很多较为成熟的信息技术,比如分布式计算、并行计算和 P2P 网络等,与其他的计算模式有一些容易混淆的地方。这些计算模式包括网格计算、集群计算、效用计算、自主计算和云计算。如何区分这些计算模式之间的关系,对于更好地分析云计算存在的问题,了解影响其性能的关键技术,研究云计算的安全保护机制具有一定的指导和借鉴意义,详见表 1.2。

表 1.2 计 算 模 式 比 较

比较维度	计 算 模 式				
	网格计算	集群计算	效用计算	自主计算	云计算
基本单元	虚拟组织	物理机	计算资源	自主元素	虚拟机
单元成本	高	高	较低	较低	低
单元性能	高	高	较低	较低	低
耦合程度	较松散	紧密	紧密	紧密	松散
资源构成	异构	同构	同构	异构	异构
资源关系	并列	并列	主从	并列	主从

比较维度	计 算 模 式				
	网格计算	集群计算	效用计算	自主计算	云计算
用途	科学计算	科学计算	企业计算	系统管理	服务计算
费用计量	无	无	有	无	有
体系标准	有	有	无	无	无
应用领域	科学	科学	商业	管理	商业

网格计算（Grid Computing）[7]最早应用于科学计算领域，主要应用于大规模数据处理和超级计算领域。网格计算是一个计算资源联盟，它把多个计算功能单元整合在一起完成计算任务。网格计算将大规模的计算任务分解成若干个较小的问题来解决。很多使用超级计算机才能处理的海量计算任务，都可以通过网格灵活地分配到各个计算单元，独立地完成各自的计算任务。

与网格计算的数据和任务处理方式相似的是集群计算[8]。集群计算也是把多个独立的、廉价的计算资源（如 PC 机、小型服务器等计算设备）冗余地联接在一起，组成一个高可用性的系统。为了保证集群系统的高性能运转，一个集群系统中的各个计算单元之间采用松耦合的部署形式和局域网级的联接方式。因此集群计算的应用也受到了一定的限制，只适合于大型数据中心或者科学计算工作站。

网格计算和集群计算多是建立在硬件设备的基础设施层之上，而效用计算和自主计算与其说是计算模式不如说是服务提供模式和管理模式。效用计算[9]是一种提供模型的服务。这个模型包含了需要向客户交付的计算资源以及对资源的管理。效用计算需要对这些资源进行合理的整合和封装，提供给用户的是一个可以进行费用计量的应用服务。自主计算[10]也被称为自治计算，是 IBM 公司于 2001 年发起的一项旨在以自我调节与控制为目标的自主计算机系统。在这个系统中，各个资源能够实现自主管理，包括负载均衡、性能优化、自适应控制等。

这些计算模式在计算单元、资源结构、应用领域与运营模式方面进行对比可以发现云计算体系结构和网格计算、集群计算存在一定的相似度。它们都具有分布式的计算和存储架构，把不同的资源组合在一起为用户提供计算能力或者服务能力。不同的是网格计算和集群计算由于计算性能要求高，主要用于科学计算，而云计算更偏向于普通的应用服务，且服务形式多种多样。因此，云计算可以把很多低成本的计算机或服务器组合起来，完成工作站级的工作和任务。效用计算和自主计算在商业运营模式和资源管理方式上与云计算有很多相似之处，比如应用领域都比较广泛、缺乏成熟的行业标准规范、成本相对低廉等特点。可以说云计算涵盖了上述几种计算模式的特点和优势。松耦合的资源组合方式、低廉的计算单元成本、广泛的服务提供和可持续的商业运营模式，这些都使得云计算成为目前 IT 领域的领跑者。

1.4 主 要 工 作

采用可信计算技术和访问控制方法，为云服务资源的身份验证和服务授权提供安全保护。在构建的云服务资源安全访问控制框架下，对开放环境中服务资源之间的信任验证和访问授权进行研究，研究主要内容包含以下 6 个方面：

（1）在研究可信计算远程证明方法的基础上，为了提高验证效率，减少第三方验证中心可能造成的系统瓶颈和安全威胁，提出一种基于属性协商机制的信任验证方法。对于基础设施层陌生实体之间的远程验证问题，设计了基于可信计算远程证明模型，模型包含了用户层、协商层和验证层三个层次，各层之间操作独立，可以进行轻量级信息交互。采用环签名的类群签名方法对陌生实体之间的交互消息进行封装。待验证服务资源的 TPM 载体根据自身所在安全域环境构建签名环。按照环签名算法生成签名信息，并将其与 AIK 签名证书和平台验证信息发送给服务请求方。根据环签名验证算法，服务请求方对签名真实性和环签名身份合法性进行验证，完成跨域服务资源验证过程。证明方与验证方可以直接通过双方的 TPM 公钥/私钥对进行远程身份验证，减少了之前远程证明方法中的第三方验证机构和不必要的交互通信。为了降低远程验证过程中平台信息的泄露风险，提出基于属性的远程验证方法，将可信计算模块中的平台配置信息映射为平台安全性能属性，利用自动信任协商机制，在陌生实体之间进行属性的信任协商，最大程度地保护平台安全属性，降低敌手攻击云服务资源平台环境的风险。

（2）采用本体的方法对云服务资源的安全性能属性和授权访问规则进行结构化建模。模型定义了服务资源安全属性和策略授权规则本体结构以及本体之间的关系，细粒度地描述云服务资源以及授权规则。针对 XACML 属性描述的语义表达缺陷，设计了基于 RDF - S 的富语义云服务资源特征安全属性本体描述方法。利用构建的细粒度云服务资源本体描述模型，对 XACML 中 Target 节点内的资源属性进行扩展。增加富含语义信息的资源安全特征属性的 RDF 语言表达。

（3）对云服务资源授权策略推理问题进行研究。将细粒度的服务资源本体和授权规则本体映射到描述逻辑的语言环境中。利用动态描述逻辑对资源本体和授权规则进行形式化的描述。在此基础上设计基于动态描述逻辑的 XACML 推理引擎，构建本体知识组成的概念知识库、实例知识库和动作知识库。设计了基于资源属性的细粒度授权策略推理方法，对属性实例模型、概念模型的一致性进行判断，对授权动作的可满足性进行验证。针对 XACML 对资源属性访问控制规则授权冲突问题进行深入研究，分别对概念层次结构和传递授权操作的规则冲突问题进行了分析。利用构建的基于动态描述逻辑的推理引擎和知识库结构，对规则冲突进行检测并设计了相应的检测算法。

（4）针对细粒度属性协商过程中存在的协商可达性和属性循环依赖的问题，通过引入时态算子构建基于时态描述逻辑的属性协商形式化模型。采用时序动态描述逻辑构建问题公式，把资源属性协商问题归结为时序 DDL 公式的可满足性问题。通过引入协商授权过程状态自动机，设计基于 Tableau 规则的可满足性验证方法。

（5）阐述基于匿名模型的数据隐私保护，介绍匿名隐私保护模型、数据匿名化操作、匿名发布数据质量度量等基于匿名模型的隐私保护数据发布的相关基础知识。简要介绍当前匿名隐私保护的主要研究方向以及未来隐私保护数据发布的研究热点。设计一种面向关系型数据库的 k - 匿名算法，在非平凡的数据集中可以取得更低的上界；当数据集规模大于 $2k^2$ 时，新算法产生的匿名化数据中所有匿名组规模的上界为 k ＋ 1，而当待发布数据表足够大的时候，新算法所生成的所有匿名组的平均规模将足够趋近于 k。此外，新算法在时间复杂性方面也具有比较好的性能。

（6）在海量数据的分析和处理过程中，对于敏感数据的隐私保护显得尤为重要。为提供高效且安全的统计类型数据分析服务，在 Map - Reduce 计算模型的基础上引入差别隐私保护机制。在该模型上提出一种带有隐私保护的决策树生成算法，并证明其满足 ε-差别隐私。实验表明，该算法具有良好的分类精度和满意的计算效率。

第 2 章

基于属性的细粒度可信云安全描述体系

针对云计算环境中服务资源安全特征属性描述粒度过粗、资源环境安全性无法度量的情况，本书中设计了支持细粒度跨域授权的访问控制框架 PBTCAC。该框架按照云服务资源所属层次，将云服务资源安全属性分为系统属性、平台属性和服务属性，构建了可信云安全属性描述体系。PBTCAC 框架为云服务资源访问授权过程提供了结构化的可信云安全属性描述体系、可扩展的属性推理机制和敏感信息保护机制。

2.1 云服务安全问题

在云计算环境下，文件的存储管理、多安全域管理、用户身份验证等工作方式以及数据存储与计算模式都发生了改变，传统的安全保护机制和策略已经不能满足云服务用户的安全需求。针对新架构产生的新的安全问题，提出新的安全防御机制和数据保护方法显得十分必要。

目前，在国内外有很多对云计算安全问题进行研究的机构。这些机构中包括标准与框架研究的组织，如从事安全与应用标准化工作的云计算安全联盟（Cloud Security Alliance，CSA）、从事行业应用框架和安全规范的国际电信联盟（International Telecommunication Union，ITU）和针对我国云安全标准制定与规划的中国通信标准化协会（China Communication Standard Association，CCSA）；还包括技术研究机构和学术团体，如研究云计算下安全保护技术与风险评估方法的欧洲网络和信息安全研究所（European Network and Information Security Agency，ENISA）、从事可信计算技术和应用的可信计算研究组（Trust Communication Group，TCG）、ACM 的访问控制研究国际论坛（ACM Symposium on Access Control Models and Technologies，SACMAT）以及国内从事云安全技术研究的中国科学院信息安全国家重点实验室等；还包括一些进行云计算安全应用于推广的企业，如微软、IBM 和亚马逊等。这些科研机构、组织和应用企业对云安全标准制定、安全技术研究和推广等发挥着巨大的作用。

2.2.1 安全威胁与挑战

云计算安全问题主要是云服务用户与云服务提供商之间的信任关系。对于用户来说，哪些数据可以交付给云端 CSP 进行处理，哪些数据放在本地比较安全，这些都取决于对 CSP 的信任程度。对于交付给云端的用户数据，云服务提供商如何保证数据完整性和一致性，如何防止非法用户访问资源并且不影响合法用户的访问效率，是衡量 CSP 安全性能的主要因素。

　　虽然很多 CSP 发布的云服务产品在电子商务、在线邮箱和在线办公等领域发挥着重要的作用，但云服务的安全问题一直令业界人士担心。因为安全问题引发的中断服务事件、数据丢失的事件层出不穷，如国内发生的盛大云 806 事件，就是因为盛大无锡机房的物理服务器硬盘损坏，而导致个别用户数据丢失；2009 年 3 月，Google 在线云服务发生了大批用户数据泄露事件；2010 年 3 月，云服务提供商 Terremark 公司的 vCloudExpress 服务发生故障，造成用户服务访问拒绝；著名的云服务提供商亚马逊在一次网络通信故障中，导致美国东部亚马逊服务大范围中断，而且故障持续四天之久无法修复。从这些事件中我们发现，相比较计算机安全事件的防范和处理，用户对于云安全故障的出现和处理是无助的。云用户需要确定 CSP 的信任程度达到了数据安全要求的前提下，才能放心地将数据交付给云端。同样的，云端的 CSP 对这些数据需要有完善的保护机制和容灾策略，防止数据泄露和服务终端发生故障，当安全事件发生后，能够快速地进行数据和服务恢复，及时挽救故障损失。

　　云计算环境下需要应对的安全威胁与挑战主要包括两方面的内容。一方面对于交付云端服务的数据安全性和隐私性保证。对于云端数据，用户无法控制数据的存储与调度。这些任务都是由 CSP 的资源管理服务控制的。对于这些资源管理服务可能出现的恶意泄露用户隐私信息的行为，CSP 需要从制度上和技术上给予充分的保障。另一方面，对云端服务资源安全管理机制的完善。在对资源安全性进行管理和控制的同时，对于资源的服务性能和用户 QoS 保证不产生过多的影响。在某种程度上允许用户部署和实施专用的安全管理服务来控制可信任的资源为其提供服务。

2.2.2　技术需求

　　在云计算服务模型中，CSP 的安全需求和职责范围有很大的不同。比如，亚马逊的 AWS[11] 是一个对外提供基础架构服务的云服务的云计算平台，这个平台主要关注与物理设备、系统环境和虚拟化组织的安全问题，而对于上层的操作系统，资源访问控制与数据隐私保护等问题不是它的安全职责。而对于 Salesforce 的客户资源管理，CRM[12] 应用服务的安全需求和职责则与之不同。由于 Salesforce 提供的主要是 SaaS 层的云服务，CSP 不仅需要负责物理设备和配置环境的安全，还必须管理上层应用和数据的安全控制（虽然这些控制大部分都外包给了其他服务安全 CSP）。它的安全需求和责任来自于整个云计算的"栈"式层次结构中。因此，分析云安全问题需要结合云计算结构来进行。按照服务层次的结构模型，可以把对云安全方面的关注分为三个方面：基础设施方面、身份与角色方面、信息数据方面。接下来分别从这三个方面对云计算的安全需求与关键技术进行分析。

2.2.2.1　基础设施

　　云计算中的基础设施可以分为计算单元和数据通信两个部分，其中计算单元部分主要指的是云计算中的最基本元素——计算节点。为了便于组合和迁移，这些节点大多以虚拟组织的形式部署并运行在某个物理设备之上。对于这些基本的计算资源，需要有一个贯穿资源登入到注销整个服务过程的安全保护机制。在数据通信环节，安全保护机制需要识别和阻止来自网络环境的各种入侵和攻击。为了保证在通信链路中的数据安全，通过加密、侦听和信任证明等手段对通信双方和链路进行安全管理和控制。在基础设施层次上，虚拟化和可信计算理论是保障服务资源安全性的主要理论基础。

2.2.2.2　身份与角色

　　由于用户无法与基础设施中的计算单元建立管理与授权关系。基础设施以资源组合的形式构成应用功能域对外提供服务。为了控制用户对于这些资源的使用和操作，需要在服务资源与用户之间建立映射关系。通过这个关系可以控制非法用户或者敌手入侵和篡改服务资源内的信息。为了建立这种映射关系，CSP 需要对用户进行身份识别和角色授权等操作，以便对用户权限进行判定，并为其提供有权使用的服务资源。同时，由于云服务资源常常进行服务组合和迁移，对于跨功能域的资源权限设定与策略维护也是需要考虑的安全需求。访问控制技术作为授权访问与资源控制的主要方法，是解决云安全中身份与角色方面问题的关键。

2.2.2.3　信息数据

　　云服务资源与用户之间进行交流和通信的基本单元是数据。数据信息的隐私性和保密性是云环境下需要考虑的重要因素。一方面，由于用户环境的不确定性，无法保证提交给云端的数据安全性，数据信息可能在被篡改或者伪装的状态下，入侵云端服务资源，造成数据安全损失；另一方面，在云端的数据可能分布在不同的基础设施上，数据信息可能由于部分设备的安全隐患而发生泄露。这些问题都需要有一个保障数据从提交、存储、处理到删除整个生命周期的隐私保护机制。

2.3　可信云资源属性描述

　　可信云资源的属性是一个广义的概念，它包含了用于描述指定硬件、软件或者用户行为或特征的基本信息。在可信云环境中，任何参与资源访问和服务响应的实体都可以利用相应的属性来对其安全性能进行表达，比如：利用属性来描述安全服务。类似保密性、完整性、授权与认证等基础的安全服务都可以描述成相应的属性表述。关于服务资源的安全属性有很多，在复杂的云计算层次化结构中，这些资源描述属性的表达和描述就显得更为烦琐。广义上来看，可以从服务资源所属层次和资源描述的粒度对这些属性进行划分。

2.3.1　云服务资源属性特征

　　云计算环境中的资源按照其提供服务的形式分为基础架构服务、平台服务和软件服务。对于每一个层次的服务资源来说，都具有相应的属性描述来表述其基本的安全特征。比如，基础架构层中的虚拟机资源需要具有用于描述虚拟机基本配置信息、所属物理资源的 TPM 信息、可信验证的完整性度量信息等；平台服务层中包括构件或者组件的配置信息，如所具备的 OS 类型、防火墙类型、已具有的补丁包列表等；软件服务层则包括服务类别、服务管理信息、服务所需依赖项或者需要的组合服务等。不同层次的属性描述反映了不同资源的安全性能描述，同时也描述了不同层次服务请求的安全性能。

　　根据所描述资源的安全保护强度，属性还可以对不同的安全需求设置不同的表达粒度。对于同一层次的平台资源来说，存在多种粒度的属性描述方式。这些属性的描述粒度取决于对资源的安全强度需求，越强的安全性需求就需要越细的粒度属性描述。比如：用户 Alice 作为访问请求资源，分别需要获取论坛访问、微博注册和在线购物等服务。这些不同的服务所需要的 Alice 属性描述粒度也不同，论坛访问可以匿名进行，因此无须任何描述 Alice 安全性能的属性；微博注册实行实名制，Alice 需要用以描述其身份信息的身份证号和真实姓名等属性；而在线购物需要进行网络交易，Alice 需要具有能够进一步描述其经济能力的属性信息，比如信用卡。这些用以描述 Alice 安全性能的属性随着安全需求强度的增大而不断地被细化。对于被访问资源来说，访问请求者越细，粒度的属性描述对其的安全威胁越低。相反地，对于请求访问资源来说，越细粒度的属性描述对于自身来说其安全威胁越高。如何决定资源属性描述的粒度，需要根据资源访问与响应双方根据各自的安全保护强度来决定。

可信云环境中，资源请求者与所有者之间的关系通常是陌生的，彼此的安全属性和安全保护强度都是未知的，这就需要通过所拥有的属性和安全策略规则来进行沟通和协商。在这个过程中，具有良好语法和语义描述的属性结构会在很大程度上节约交互成本，提高访问效率。后面的章节会介绍实体属性的结构化本体描述形式。

2.3.2 层次化的服务资源属性

按照服务层次的不同，将用来描述云服务资源访问控制框架的属性信息划分为系统属性、平台属性和服务属性三种类型。这三种类型的属性分别用来表示系统层、平台层和服务层的可信安全性能，其中，系统属性描述可信平台完整性度量信息，平台属性描述资源所在平台安全性能，服务属性描述资源身份与角色等信息。下面分别给出这三种类型属性的抽象描述。

1. 系统属性集合

系统属性集合包含可信计算体系中从建立可信启动模块、BOIS 引导、初始配置信息、主引导记录信息、安全 OS，到最终完成运行环境和存储环境可信验证的安全属性信息，包括可信平台硬件（TPM）、信任度量根（CRTM）、完整性度量日志（SML）和可信根（TBB）。

定义 2.1 系统属性（System Attribute，$SysAttr$）： 系统属性可以用如下四元组的形式来进行描述：

$$SysAttr = (Cert_{AIK}，SysAttr_{CRTM}，SysAttr_{SML}，SysAttr_{TBB})$$

其中，$Cetr_{AIK}$ 表示 TPM 的标识信息，主要是 TPM 的签名证书 AIK，用以表示系统身份信息；$SysAttr_{CRTM}$ 表示系统的信任度量根信息，用来表示系统可信根度量属性；$SysAttr_{SML}$ 表示可信度量的过程中完整性度量结果信息，用来保证安全的信任环境；$SysAttr_{TBB}$ 表示系统信任根信息，用来表示可信初始状态。

2. 平台属性集合

平台属性集合包含了服务运行所需要的环境信息。平台属性主要包括服务运行所需的网络、操作系统、第三方插件以及其他相关接口和补丁等方面的属性。这些属性能够通过系统属性的验证和度量来进行安全性评估。同时，也是服务属性安全性评估的主要依据。

定义 2.2 平台属性（PlatForm Attribute，$PlatAttr$）： 平台属性可以用如下多元组的形式描述：

$$PlatAttr = (Plat_{ID}，PlatAttr_{Envir}，PlatAttr_{Rely}，PlatAttr_{Update}，PlatAttr_{3-Party})$$

其中，$Plat_{ID}$ 是平台的唯一标识属性；$PlatAttr_{Envir}$ 表示平台环境的基本信息，如运行的操作系统、部署的网络环境等；$PlatAttr_{Rely}$ 是保证平台环境安全运行的必要依赖组件，如防火墙组件、各种杀毒软件等；$PlatAttr_{Update}$用来描述平台环境构建的各种补丁包或者更新包；$PlatAttr_{3-Party}$用来表示其他的第三方插件或组件。

3. 服务属性集合

在可信云安全访问控制框架中，服务与被服务是相对的。对于一个用户来说，在获取服务资源的必要属性过程中，它是被服务方；而在获取资源授权过程中，需要提交自身的属性集，它又作为服务方。但是，不管处于服务方还是被服务方，在资源服务层的访问双方都具备基本的身份标识属性、所属管理安全域（即角色）、安全性能需求（可信级别）等信息。

定义 2.3　服务属性（Server Attribute，$ServAttr$）： 服务属性可以用如下多元组来表示：

$$ServAttr = (Serv_{ID}, ServAttr_{Domain}, ServAttr_{SecuReq})$$

其中，$Serv_{ID}$是标识服务身份信息的属性；$ServAttr_{Domain}$用来表示服务所属的安全域，在相同安全域中具有相同的授权规则和访问策略；$ServAttr_{SecuReq}$表示服务的安全性能需求。

判定一个服务资源的属性集是否满足服务请求者的安全需求，需要通过属性评估过程来完成。如果访问请求来自资源服务层，即存在安全需求属性$ServAttr_{SecuReq}$，则需要对资源的服务属性、平台属性和系统属性进行属性评估。在这里，可以将$ServAttr_{SecuReq}$划分为三个层次的安全属性评估标准，即$ServAttr_{SecuReq} = (Verf_{ServAttr}, Verf_{PlatAttr}, Verf_{SysAttr})$。其中的每个元组表示一个资源层的评估标准。属性评估过程主要是利用属性匹配的方式进行，匹配函数如下式所示：

$$Match_{Attr} : SecAttr \times VerfAttr \rightarrow R \qquad (2.1)$$

其中，$SecAttr$和$VerfAttr$分别表示资源所具备的安全属性和属性评估标准。R为布尔型变量，用来表示匹配成功或者失败。$ServAttr_{SecuReq}$的安全需求属性描述需要进行三个层次的属性匹配，分别是$Match_{SysAttr}$、$Match_{PaltAttr}$和$Match_{ServAttr}$。上述三种类型的属性存在着服务层次的区别，同时也有联系。对于满足属性评估标准的底层属性，可以将其映射到高层属性集中形成新的属性集合。首先对于系统属性来说，需要进行属性评估，根据式（2.1）可以得到下式：

$$Match_{SysAttr}(SysAttr, Verf_{SysAttr}) = \forall SysAttr : SysAttr \subseteqq VerF_{SysAttr} = T \qquad (2.2)$$

如果所有的系统属性都是评估属性的子集，则表示当前的系统满足系统属性评估标准，匹配成功。同时，将$SysAttr$映射的平台属性集$PlatAttr'$加入到平台属性集合中。

$$Match_{PlatAttr}(PlatAttr, Verf_{SysAttr})$$
$$= \forall PlatAttr : PlatAttr \cup PlatAttr' \subseteqq Verf_{PlatAttr} = T \qquad (2.3)$$

对于服务属性的匹配也是类似的操作。满足要求的平台属性集$PlatAttr$映射得到的新的服务属性集合描述为$ServAttr'$。

$$Match_{ServAttr}(ServAttr, Verf_{SysAttr})$$
$$= \forall ServAttr : ServAttr \cup ServAttr' \subseteqq Verf_{ServAttr} = T \qquad (2.4)$$

只有在三个层次属性匹配的结果均为真的情况下，才能使服务请求者获取资源，$Author_{Server} = Match_{SysAttr} \bigwedge Match_{PlatAttr} \bigwedge Match_{ServerAttr}$。这种基于细粒度属性资源访问的授权推理方法在后面的章节将详细叙述。

2.4   基于属性的云安全访问控制框架 PBTCAC

服务资源的属性描述，使得处于云计算环境中的陌生实体间的访问控制成为可能。可信计算的安全性度量边界是操作系统，主要是针对相对闭合的系统环境。TNC 架构[65]为可信计算提供了网络接口，将其信任验证扩展到网络环境。但是对于属性结构复杂、描述烦琐的云计算服务资源来说，TNC 架构的访问控制机制显得力不从心。为了更好地适应可信云环境的安全需求，提高资源间的访问效率，减少资源安全威胁，提出了一种具有属性知识库描述和推理能力的层次化基于属性的可信云安全访问控制框架（Property Based Trust Cloud Computing Access Control Framwork，PBTCAC）。

2.4.1   基本思想

基于属性的可信云安全访问控制框架 PBTCAC 将可信计算与基于属性的访问控制机制结合在一起，尤其适用于分布式的云服务资源之间的访问授权。云服务资源的分布式架构决定了资源之间存在着频繁的组合与迁移操作。资源间的访问授权往往是在跨域环境中进行的，彼此之间无法了解对方的资源参数配置和安全性能。此外，异构域内的资源属性描述需要采用相对统一的结构化描述方法，以减少授权策略的管理与维护难度。对资源的细粒度属性描述在开放环境中进行交互与传递，一些敏感信息存在泄露的风险。

针对这些在云计算环境中服务资源访问控制过程可能存在的问题，我们结合可信计算与基于属性的访问控制方法，从云服务资源的特点出发，构建了 PBTCAC 访问控制框架，这个框架具有如下特点：

（1）构建分层的资源访问控制体系。将可信层、平台层和服务层资源区分开来，采用不同的属性描述体系对其进行安全性能描述。同时，通过分析层次间资源属性的联系，构建领域本体模型，将云服务资源的主要参数、实体和策略进行结构化的抽象描述。

（2）扩展 XACML 访问控制架构，增加了用于进行本体服务实体描述的知识库和策略规则推理机。基于本体的服务实体描述能够为域内资源提供可共享的属性知识结构，降低进行策略制定与维护的难度。策略规则推理机能够检测云服务资源在组合和授权过程中可能存在的规则冲突。

（3）细粒度属性敏感信息保护。分布式环境下资源属性和访问控制策略可能包含一些敏感信息。主体对资源的访问过程可能造成双方不必要的敏感信息披露。采用自动信任协商机制对 XACML 资源授权过程进行改进，提高陌生主体之间访问授权过程的安全性。

2.4.2   PBTCAC 框架

在 PBTCAC 框架中包含 5 个参与者，分别是访问请求者（Access Requester，AR）、访问策略执行部件（Policy Enforcement Point，PEP）、访问策略决策部件（Policy Decision Point，PDP）、推理引擎（Reasoning Engine，RE）、访问策略信息部件（Policy Information Point，PIP）。这 5 个参与者包含若干用来控制不同层次资源进行访问授权的组件，这些组件之间可以通过接口进行通信。详细描述如图 2.1 所示。

PBTCAC 框架将组件按照云计算环境中所处层次的不同，划分为三个抽象层次，分

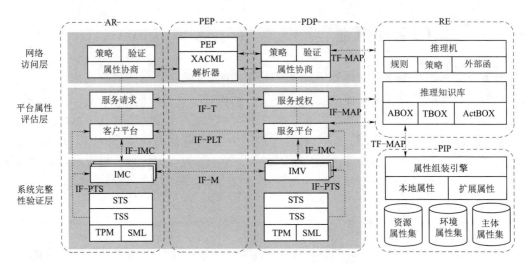

图 2.1　云服务资源访问控制框架 PBTCAC

别是网络访问层、平台属性评估层和系统完整性验证层。

1. 网络访问层

网络访问层的主要作用是建立服务资源的网络安全连接。对于访问控制的参与双方，主要涵盖具有网络信息交互功能的组件和属性协商组件。服务请求与响应组件主要是用来进行访问请求/响应信息的处理。属性协商组件是用来保护交互的敏感属性信息。PEP 中包含保证网络消息安全传输的基本网络通道，如 VPN、802.1X，还包含用于解析和处理 XACML 描述的功能组件。

2. 平台属性评估层

平台属性评估层的组件主要作用是评估访问请求者或者服务资源的属性是否满足授权策略的要求。根据授权策略，集合系统层完整性验证与平台属性的安全性进行评估。访问控制参与双方都有各自的平台环境，如网络环境、三方插件、系统补丁等。这些属性都将作为描述平台安全性能的主要参数。

3. 系统完整性验证层

系统完整性验证层包含用于收集和验证系统完整性的组件 IMC （Integrity Measurement Collector） 和 IMV （Integrity Measurement Verifier），这两种组件用来对可信计算平台中的不同系统属性进行完整性信息的收集与验证工作。用于可信计算平台中衡量系统安全的系统属性有很多，因此这两种类型的组件在系统完整性验证层也包含多个。此外，系统完整性验证层还包含用来进行系统安全性验证的基本可信计算模块 STS （System Trust Service），第 3 章中将详细介绍。

RE 和 PIP 与三个层次的组件都有联系，为它们提供属性描述和策略推理支持。RE 主要是用来进行规则推理与资源授权的推理引擎，包含用于属性抽象描述和授权规则动作推理知识库，以及基于 XACML 规则描述的推理机。在推理知识库中，利用结构化的逻辑表述语言对 PIP 中的属性进行抽象表达，便于对属性中的知识进行推理。规则推理机作为根据属性的结构化抽象描述，对其进行授权推理。推理机还可以对策略规则进行管理与维护，减少授权规则的冗余和冲突。PIP 的作用是对系统属性、平台属性和服务属性进行管理，为 RE 提供属性信息支持。PIP 中的主要组件是属性组装器，这个组件的作用有两个方面：一方面根据服务的安全性需求，把资源属性库中的相应属性进行组合，将满足要求的属性集发送给 RE 用于属性结构化处理；另一方面，根据 RE 的属性集结构化处理结果，重构响应资源的属性集结构，扩展或者裁减属性集。在云计算环境中，有了 PIP 和 RE 的参与，使得服务资源进行授权访问的过程能够更加的灵活与高效。

PBTCAC 框架中的组件之间包含很多的接口，这些接口的作用是进行组件间彼此的通信。IF - PTS（Platform Trust Services Interface）是可信计算模块向上层平台提供属性完整性验证结果的通道。按照平台属性和系统属性的验证要求，可信计算模块对系统安全性进行验证。IF - IMC（Integrity Measurement Collector Interface）和 IF - IMV（Integrity Measurement Verifier Interface）在 AR 和请求服务资源 PDP 中的作用相似。IF - IMC 主要是用来收集可信计算模块进行可信验证的结果，将完整性度量结果报送给服务请求平台，同时反馈平台属性给 IMC。IMC 把这些信息发送给服务提供者的 IMV。IF - IMV 完成的工作与 IF - IMC 类似，主要服务对象是服务资源的提供者。IF - M（Vendor - Specific IMC - IMV Messages）是 IMC 与 IMV 之间的信息交互接口，为完整性验证信息的交互提供安全通道。IF - PLT（Platform Layer Trust Interface）是请求平台与服务平台之间的交互通道，主要包括一些 IMCs 与 IMVs 之间的通信协议和会话管理。为了保证网络通信的安全，IMCs 与 IMVs 的消息传递在平台交互通道中是不透明的。因此，平台层的组件交互需要网络层传递协议（IF - T）的授权通道安全保障。IF - T（Network Authorization Transport Protocol）是 AR 与 PDP 之间进行消息交互的通道，为底层的平台层消息传递提供完善的安全保护。IF - MAP（Metadata Access Point Interface）是 PDP 与 RE 和 PIP 进行决策判定和属性验证的接口，将需要进行决策和推理的规则发送给 RE。RE 根据推理需求组装或者扩展属性集，完成规则授权，并将结果通过 IF - MAP 反馈给 PDP。

2.4.3 服务资源访问流程

在 PBTCAC 框架中服务访问参与者之间利用交互通道进行信息的传递。服务资源的访问流程可以用图 2.2 来描述 PBTCAC 是如何实现服务资源的访问授权的。总体上来说，整个访问流程是按照用户身份授权、平台完整性评估和系统可信验证的顺序，逐步确认被访问资源的可信任安全性能。

步骤 0：AR 和 PDP 分别对服务请求方与提供方所在平台的 IMC 和 IMV 进行搜索和加载，初始化完整性度量组件。对于 AR 来说，加载 IMC 的过程包括搜索可用的 IMC 和 IF - PTS，并为其分配唯一标识的编号，以保证平台与 IMC 之间能够建立唯一映射关系。在服务提供者的 PDP 中对于 IMV 的加载过程与此类似。

步骤 1：AR 将服务请求通过 XACML 协议描述形式发送给 PEP，建立与服务提供者的网络层连接。PEP 则根据服务请求以及请求方信息，利用 XACML 解析器将其转换为资源授权决策请求，并发送给 PDP。

步骤 2：资源授权决策请求包含了所请求的资源，以及 AR 能够提供的用户身份属性信息。PDP 首先需要根据这些信息利用 RE 和 PIP 进行用户身份授权，这个部分包含以下几个子步骤。

步骤 2-1：分解 AR 的服务请求，把 AR 不同资源服务需求转化为服务提供者能够识别的属性信息。比如 AR 的计算性能需求属性集、存储性能需求属性集、网络性能需求属性集合等。并将这些属性信息和 AR 的身份信息一并发送给推理引擎 RE 作为推理机的输入参数。

步骤 2-2：RE 按照 AR 的属性需求集合，在 PIP 中进行满足服务属性需求的资源发现。PIP 将这些资源所需的服务属性进行组合，自适应地形成用于满足 AR 服务需求的服务组合，并组装服务资源所需要的服务属性集合。

步骤 2-3：RE 根据推理知识库中所掌握的服务资源授权规则，验证 AR 提供的身份属性是否能够对 PIP 组装的服务组合进行授权。在这里，对服务组合授权进行推理的方法有两种：一种是属性匹配，RE 把表示 AR 身份的服务属性和 PIP 组装的服务组合的服务属性进行匹配，通过两个服务属性集的可满足性判定，最终决定 AR 的服务属性是否满足服务组合的授权要求，这个方法适用于 AR 服务属性比较多的情况；另一种是规则匹配，RE 根据 AR 的服务属性进行服务资源授权规则的组合与分解，生成满足 AR 服务资源需求的授权规则集。通过 AR 授权规则集与组合服务授权规则集的可满足性判定 AR 的服务授权请求，这种方法适用于 AR 服务资源需求较多的情况。

步骤 2-4：根据 RE 的推理结果，PDP 对 AR 的身份信息进行验证。如果 AR 提供的服务属性能够对服务资源进行授权，则通过验证；否则，拒绝服务。服务层的授权结果只是表示服务资源提供者能够满足一定条件的用户的服务需求。对于服务资源所在平台和用户所在平台的环境安全性能还需要进一步的可信计算完整性验证。

步骤 3：在保证服务资源能够满足 AR 服务需求的前提下，建立双方属性协商通道。为保护描述服务资源和请求者所在平台的平台属性安全性，平台属性利用属性协商的方式逐步进行暴露。

步骤 4：在服务资源提供者和请求者所在的平台环境中，对平台属性的完整性进行评估。这是一个双方都需要进行的过程，以保证彼此之间的环境安全性。这个过程中的属性访问授权和评估的过程与步骤 2 类似，PDP 生成属性评估需求，将对方平台属性需求和请求暴露的平台属性一并发送给 RE。根据 RE 的推理结果，返回需要进行系统可信验证的平台属性集，如在线购物服务需要满足的网络安全环境、OS 安全环境和插件安全环境等。

步骤 5：对于服务资源提供者来说，生成的平台属性集就是进行系统完整性验证的需求。PDP 需要通过 IF-IMV 通道建立与系统可信计算模块的联系，以便对相应的平台属性进行可信完整性验证。

步骤 6：为了进行平台间的完整性检测和消息传递，需要建立双方平台的完整性检测握手通道。这部分的详细内容参见第 3 章的环签名远程证明协议。

步骤 7：在服务资源提供方，PDP 指定相应的 IMV，根据 IMC 提供的消息，进行对方系统环境的完整性证明。如果 IMC 通过 IMV 的完整性证明，则将 IMV 动作授权信号和 IMV 评估结果报告通过 IF-IMV 通道返回给 PDP。对于服务请求方 AR 中的验证组件 IMC 来说，过程与 IMV 类似。

步骤 8：如果 IMC 与 IMV 之间的远程完整性证明过程完成，则 PDP 将网络访问决策结果反馈给 PEP。

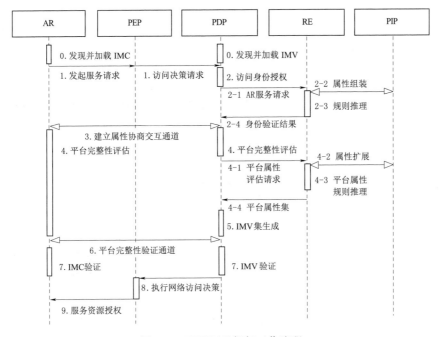

图 2.2　PBTCAC 框架工作流程

　　步骤 9：PEP 根据获得的访问决策结果，通过 XACML 解析器生成 XML 格式的授权协议发送给服务请求者 AR。

　　在 PBTCAC 的 9 个步骤中，步骤 0 步骤 3 属于用户身份授权过程，主要是网络服务访问层的操作；步骤 3 到步骤 6 属于平台完整性评估过程，主要是在平台属性评估层完成；步骤 6 到步骤 9 是系统可信验证过程，这个过程是在系统完整性验证层完成的。对于授权双方的消息交互通道来说，身份授权过程是开放的网络环境。平台属性完整性评估过程需要进行属性协商，双方通过 IF-T 接口进行消息传递。系统可信验证过程则利用 IMC 和 IMV 之间的 IF-M 接口进行通信。

2.5　本　章　小　结

　　云计算环境中，层次化的服务资源特征属性描述烦琐，对资源的访问控制管理越来越复杂，传统的访问控制模型已经不再适应开放环境中的服务资源授权过程。本章首先对云服务资源特征属性特征进行了分析，将 IaaS、PaaS 和 SaaS 中服务资源的安全特征属性表述为系统属性、平台属性和服务属性，构成了可信云安全属性描述体系。接着，结合可信计算与基于属性的访问控制方法，在可信云安全属性描述体系的支持下构建了 PBTCAC 访问控制框架。PBTCAC 框架具备层次化的资源访问控制体系、扩展的访问控制决策推理机制和敏感属性信息保护方法，为云服务资源之间建立信任关系提供平台保障。相比较 TNC 框架和 XACML 框架，在开放环境中 PBTCAC 适合云服务资源多层安全特征属性描述，并且能够提供服务资源属性推理机制。

第 3 章

跨域服务资源远程信任验证方法研究

3.1 引　　言

云计算环境中，服务资源具有组合方式灵活、迁移操作频繁等特点。为了有效地对这些资源进行安全管理，通常以安全域来控制资源的访问权限和安全级别。安全域内部可以通过域内统一的管理单元对服务资源进行密钥分配、证书签发和权限控制等操作。安全域内服务资源之间的信任关系，通过集中的安全管理比较容易评估和建立。但是，由于在云计算环境下资源分布广泛，集中的安全管理比较困难。对于安全域外的不可信资源与域内资源之间的信任关系不易建立与维护。

针对这个问题，本章在研究可信计算远程证明方法的基础上，为了提高验证效率，减少第三方验证中心可能造成的系统瓶颈和安全威胁，提出一种基于属性协商机制的信任验证方法。这种方法可以为云服务资源跨域访问和调度提供无须第三方参与的、高效便捷的信任验证方法。

3.2　基于属性协商的远程证明方法

可信云计算是将可信计算技术引入云计算环境，为云服务提供基础的安全支撑。可信云平台是可信计算在开放环境中的扩展，适合描述以层次化服务为主要内容的云计算。

3.2.1　属性协商的远程证明模型

云服务资源远程证明需要满足计算高效、信息隐藏和独立验证的安全验证要求。为此，我们提出了一种基于属性协商的远程证明模型，如图 3.1 所示。这个模型包含了三个层次，用户层、协商层和验证层，各层之间的操作独立，可以进行轻量级信息交互。其中，用户层主要是完成信任验证请求与响应任务，同时还需要建立双方协商通道；协商层的主要任务是根据用户层的请求，进行属性匹配与解锁、协商策略验证和属性证书生成等；验证层的主要任务是利用远程证明方法生成各自的 TPM 平台配置信息，并采用基于环签名的方法对信息进行签名和验证。

3.2.1.1　用户层

用户层由服务请求者（Service Requester）和提供者（Service Provider）组成。它们分别属于两个不同的管理安全域（Domain A 和 Domain B），彼此之间无法通过集中验证的形式完成信任关系的建立。服务资源申请者发出信任验证请求并提供需要验证的属性内

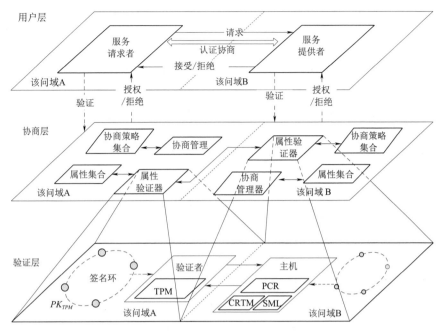

图 3.1　属性协商远程证明模型

容。提供者根据验证请求以及验证属性向协商层发出验证消息。根据协商层进行属性验证的结果，决定建立信任关系，或者进一步进行属性交互协商。经过多次属性协商之后，不可信的双方建立信任关系。

3.2.1.2　协商层

协商层由四个主要功能组件构成，属性验证器、属性集合、协商管理器和协商策略集合。属性验证器的主要作用是根据属性与平台配置信息之间建立的映射关系，验证满足属性的平台配置信息；属性集合是用来保存这种映射关系的存储单元；协商管理器与用户层进行通信，根据用户层要求和协商策略，决定解锁属性证书、发送属性验证请求和信任授权与拒绝等操作；协商策略集合保存用于进行信任协商的策略信息。协商层的工作可以分为两方面的内容：一方面接收用户层的验证和协商请求；另一方面，根据属性与 TPM 配置信息映射关系，进行基于属性的平台可信验证。

3.2.1.3　验证层

验证层主要是由 TPM 和 TPM 载体 Verifier/HOST 组成，通过各自安全域内的 TPM公钥组成签名环，用于对双方验证过程的消息进行签名。根据协商层的属性与 TPM 平台配置信息的映射关系，获取 PCRs 中的信息并进行 TPM 签名。将这些信息和 TPM 载体用来记录信任测量日志的 SML 信息一起发送给协商层。

3.2.2　基于环签名的消息签名方法

云环境下的服务资源之间进行信任验证是一个相对独立的过程。验证双方很难通过集中式的信任中心来鉴别对方身份的合法性。为了适应云服务资源远程验证特点，提高信任建立效率，引入环签名方法来对交互消息进行签名。环签名的建立只需要输入环成员公钥，签名消息以及生成密钥所需的安全参数等信息。证明方与验证方可以直接通过双方的 TPM 公钥/私钥对进行远程身份验证，减少了之前远程证明方法中的第三方验证机构和不必要的交互通信。

3.2.2.1　环签名概述

环签名方法（Ring Signature）[66-67]是一种简化的类群签名方法，它允许实体无须经过第三方许可，利用自身密钥和其他参与成员的公钥共同进行消息的签名。

定义 3.1　环签名（Ring Signature）：环成员公钥集合 $PK = \{pk_1, pk_2, \cdots, pk_r \mid r \in \mathbb{Z}^+\}$，签名实体 $A_i(0 \leqslant i \leqslant r)$ 符合 RSA 公钥/私钥对（sk_i, pk_i），实体 A_i 对消息 m 的签名 σ 表示为

$$\sigma = (PK, v, X) \tag{3.1}$$

其中，随机选取的序列集合 $X = \{x_1, x_2, \cdots, x_r \mid r \in \mathbb{Z}^+\}$，$C_{k,v} = (g(x_1), g(x_2), \cdots, g(x_r)) = v$，$k$ 为消息 m 的加密密钥，$k = Hash(m)$。

定义 3.2　环验证（Ring Verification）：验证方根据示证方发送的消息 m 和对它的签名 σ 进行签名合法性和来源可信性验证。

$$Sig_{Verify} = \begin{cases} \text{True}, & C_{k,v} = (g(x_1), g(x_2), \cdots, g(x_r)) = v \\ \text{False}, & \text{Otherwise.} \end{cases} \tag{3.2}$$

其中，$k = Hash(m)$，通过验证 $C_{k,v}$ 函数与操作结果 v 是否相符判断签名合法性。

环签名具备以下性质：

（1）自发性（Setup-Free）：环签名建立和签名阶段是自由的。对于签名环成员的选取是随机的，签名者可以在没有其他环成员帮助、同意甚至知晓的情况下，生成消息的环签名信息。

（2）匿名性（Signer-Ambiguous）：对一个环成员为 n 的环签名，验证者无法以大于 $1/n$ 的概率判断成员中签名者的身份。而对于环成员中的验证者，判断出真正签名者身份的概率不大于 $1/(1-n)$。

（3）可计算性（Computability）：存在多项式时间算法 AΓ 生成签名者的环签名信息，这个信息能够以高概率被验证者接受。

（4）不可伪造性（Unforgeability）：只有签名者能够创建合法的环签名信息，任何非签名者或者第三方验证机构都无法生成有效的签名信息。

3.2.2.2　可信计算环签名算法

环签名的建立只需要输入环成员公钥、签名消息以及生成密钥所需的安全参数等信息。证明方与验证方可以直接通过双方的 TPM 公钥/私钥对进行远程身份验证，减少了之前远程证明方法中的第三方验证机构和不必要的交互通信。可信计算平台下，基于环签名的远程证明方法包括初始化安全参数、签名生成和签名验证三个阶段。

1. 初始化安全参数

签名方基于强 RSA 假设，输入 $\{0, 1\}^{l_n}$ 创建强 RSA 安全参数，满足 $n = pq$（p, q 为大素数）。随机选择 R_0, R_1, R_2, S, $Z \in Q\mathcal{R}_n$，$Q\mathcal{R}_n$ 是二次剩余群，输出签名方公钥 $pk_{\langle proof \rangle} = (n, R_0, R_1, R_2, S, Z)$ 和私钥 $sk_{proof} = p$。根据安全性需求，选择参与环签名成员数量 r（r 的数量与计算复杂度成正比），得到 r 个公钥组成的元组（pk_1, pk_2, $\cdots$,

pk_r）签名，其中包含了签名方公钥 $pk_i = pk_{proof}(1 < i < r)$。TPM 生成 AIK 密钥对 (AIK_p, AIK_s) 并将其保存在寄存器中。选取采用 SHA256 算法的 Hash 函数 $Hash$：$\{0, 1\}^* \rightarrow \{\mathbb{Z}\}_p$。

2. 签名生成

（1）对称密钥生成。根据选取的 Hash 函数生成 TPM 的 AIK_p 对称密钥

$$k = Hash(AIK_p) \tag{3.3}$$

（2）生成 $g(x)$。随机选取大随机数串组成序列集合 $X = \{x_1, x_2, \cdots, x_i, x_{i+1}, \cdots, x_r \mid x_k \in \{0, 1\}^*, 1 \leqslant k \leqslant r, k \in \mathbb{Z}^+\}$

$$g(x): X \rightarrow \{y_1, y_2, \cdots, y_i, y_{i+1}, \cdots, y_r\} \tag{3.4}$$

（3）计算 $g(x_i)$ 和 x_i。利用环方程 $C_{k,v} = (g(x_1), g(x_2), \cdots, g(x_r)) = v$ 求解 $g(x_i)$ 的值。求解环方程的过程是利用逐比特异或运算 $\oplus$ 来完成的，方程如下：

$$C_{k,v} = (g(x_1), g(x_2), \cdots, g(x_r))$$
$$= E_k(g(x_r) \oplus E_k g(x_{r-1}) \oplus E_k g(x_{r-2}) \oplus E_k(\cdots \oplus E_k g(x_1) \oplus v)\cdots)) \tag{3.5}$$

根据环方程，求解 $g(x_i)$ 的方法如下：

$$g(x_i) = E_k(g(x_{i-1}) \oplus E_k g(x_{i-2}) \oplus E_k(\cdots \oplus E_k g(x_1) \oplus v)\cdots)) \oplus$$
$$D_k(g(x_{i+1}) \oplus D_k g(x_{i+2}) \oplus D_k(\cdots \oplus D_k g(x_1) \oplus v)\cdots)) \tag{3.6}$$

其中，D_k 和 E_k 是对称加密算法的加密解密函数。最后，利用私有密钥 sk_{proof} 求解 $x_i = g^{-1}(x_i)$。

（4）输出环签名与 AIK 签名。签名方得到的环签名 σ 与 TPM 中消息 m 的 AIK 签名一起发送给验证方。

$$\sigma = (AIK_p, pk_1, pk_2, \cdots, pk_r, v, x_1, x_2, \cdots, x_r)$$
$$Sig_{proof} = (SIGN_{AIK}(m), \sigma) \tag{3.7}$$

3. 签名验证

（1）验证 $SIGN_{AIK}(m)$ 签名的真实性。使用 AIK_p 对签名进行解密，与消息的 Hash 值匹配：

$$E_{AIK_p}(SIGN_{AIK}(m)) \triangle Hash(m) \tag{3.8}$$

（2）验证环方程。根据证明方发送的 AIK_p 和 $pk_1, pk_2, \cdots, pk_r$ 使用生成阶段式（3.5）和式（3.6），重新验证环方程等号两边是否相等，如果相等则验证成功；否则失败。

3.2.2.3 环签名远程证明协议

基于环签名算法的远程验证过程由服务请求方发起验证申请。待验证服务资源的 TPM 载体根据自身所在安全域环境构建签名环，同时 TPM 完成身份认证密钥 AIK 的生成。按照环签名算法生成签名信息，并将其与 AIK 签名证书和平台验证信息发送给服务请求方。服务请求方对签名真实性和环签名身份合法性进行验证，完成跨域服务资源验证过程。

根据 TCG 设计的 DAA 远程证明规范，证明协议的参与者包含验证者（VERIFIER）、TPM 载体（HOST）和 TPM 三个实体。整个过程如图 3.2 所示。

整个协议分为两个阶段：TPM 与主机之间的环签名与 AIK 证书生成阶段、主机与验

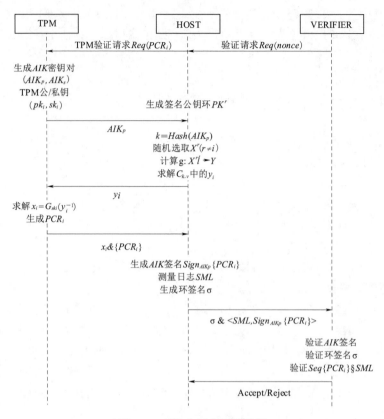

图 3.2 环签名远程证明协议

证者之间的可信请求和响应阶段。

（1）VERIFIER 发起验证请求并发送给证明方，证明方向本机 TPM 发送验证请求。

（2）HOST 根据所在安全域其他节点的 TPM 公钥构成签名公钥环，TPM 生成 TPM 身份认证密钥 AIK 和一对用于加密解密的公/私钥对（pk_i，sk_i）。

（3）TPM 发送认证密钥给 HOST，HOST 根据环方程对随机选取的序列 X 进行计算，并根据方程求解 y_i。

（4）发送 y_i 到 TPM，利用 TPM 本地加密解密算法求解 x_i，同时将 TPM 中相应的 PCR 字段发送给 HOST。

（5）根据 TPM 传来的 x_i 生成环签名，将本地测量日志文件 SML 和经 AIK 签名的 PCR 字段与环签名一起发送给验证方。

（6）验证方根据 AIK 签名验证 TPM 合法性，验证环签名身份可靠性，最后验证 PCR 与测量日志完整性。根据验证结果确定验证方与证明方的信任关系。

3.2.3 属性协商远程验证

Trus Computing Group（TCG1.1）标准中，规范化的平台授权方法采用的是二进制验证。所有对验证对象的度量结果都存放在 TPM 的状态寄存器 PCRs 中。当需要进行平台信任关系鉴别的时候，从 PCRs 中获取平台配置信息经过签名操作后发送给验证方。这种方法极易发生平台信息泄露的问题。随后 TCG 发布的标准中采用了基于属性的远程证明方法。这种方法通过建立可信属性与平台配置信息之间的映射关系，利用可信属性代替二进制度量信息。

3.2.3.1 基于属性的远程证明

基于属性的远程证明（Property Based Attestation，PBA）[29,68] 的基本思想是通过验证证明方平台对验证方提出的安全请求（称之为"属性"）的满足情况来完成双方信任关系建立。验证过程只需要对验证证明方平台配置信息是否满足安全属性要求，避免了平台软硬件配置信息直接暴露给验证方。例如，两个 Web - Service 请求 A 和 B，不管它们服务和应用需求是什么，只要它们具有相同的安全属性需求，提供给它们的服务平台安全配置就是相同的。TCG 早期使用的基于二进制的平台配置信息描述，主要应用于系统启动过程中验证平台硬件配置信息。随着应用和服务外延不断扩大，平台可信性验证方不再关心具体的系统或者应用的配置，而是关注与证明方的平台配置是否能够满足验证方所提出的属性要求。

基于属性的远程证明过程主要包含两个参与者，证明方 P 和验证方 ν，其中证明方 P 包括一个主机模块 H 和加载在其上的 TPM M。前提假设 H 与 M 之间的通信是安全的，并且 M 可以和 ν 通过 H 进行通信。M 具有 H 不知晓的签名密钥 sk_M。在 P 和 ν 直接具有一个可用的验证公钥 pk_ν。

证明方 P 具有的平台配置属性信息表示为 cs_P，用来描述 M 计算的系统所具有的安全属性，且 M 计算的度量信息存储于内部寄存器 PCRs 中。对于 H 与 M 都可以获取 cs_P 信息，但无法更改这些平台配置信息。在 PBA 过程中，假设证明方 P 和验证方 ν 的安全需求，即属性空间为 $CS = \{cs_1, cs_2, \cdots, cs_n\}$，则平台配置信息 cs 满足关于属性空间 CS 给定的属性，当且仅当 $cs \in CS$。

定义 3.3　基于属性的远程证明（PBA）： PBA 验证过程包含下面三个阶段：

（1）初始化阶段。根据给定的安全参数 1^k，随机选取公共参数集合以及 TPM 的公钥/私钥对。

（2）签名阶段。根据 P 的配置属性信息 cs_P 和验证安全属性需求 CS，利用环签名算法生成关于 cs_P 的签名 σ。

（3）验证阶段。根据 cs_P 的签名 σ 和安全属性需求 CS，利用 3.2.2 节验证公式验证签名信息是否满足验证方的安全需求。

3.2.3.2 属性协商过程

可信属性是用来描述平台所能够满足的某一安全需求，例如某一个银行在线支付平台要求用户需要具有用户身份密钥（U 盾）、安全签名证书和操作系统版本等一些安全要求。可信属性的验证过程是验证平台或者配置信息是否能够满足属性所包含的安全需求。这种验证能够屏蔽平台软件和硬件的配置信息，同时，对于动态的平台信息更新也能够灵活地变更。在云计算环境下，服务资源的配置信息或者安全属性信息容易被敌手获取而成为其攻击服务资源的依据。因而，对于一些敏感的可信属性应该加以保护和隐藏，防止将不必要的属性信息泄露给敌手。

属性协商的验证方法，在基于属性的验证方法的基础上，利用自动信任协商机制[47,69] 对属性交互过程进行控制，避免不必要的可信属性信息暴露给对方。

定义 3.4　信任验证

$$TRUST_i = \exists \, PCR_i PCR, \quad PCR = \{pcr_1, pcr_2, \cdots, pcr_m\}, \quad m \in Z^+ \text{ 使得}$$

$$\left\{ \begin{array}{l} E_{AIK_p}(SIGN_{AIK}(PCR_i, c)) \equiv Hash(m) \\ \text{且} E_\sigma(g(x_1), g(x_2), \cdots, g(x_r)) \equiv v \end{array} \right\}$$

其中，PCR 是 TPM 的平台配置信息状态寄存器，c 是验证请求，$PCR_i PCR$，AIK 是 TPM 的识别标志。

定义 3.5　属性与验证的映射关系表示为 $SPMR(SP, TRUST)$，其中属性集合 $SP = \{sp_1, sp_2, \cdots, sp_n\}$，$n \in Z^+$，$TRUST \subseteq \bigcup\limits_{TRUST_i}^{m}$，$m, n \in Z^+$。

定义 3.6　属性协商 ATN_{cloud} 由一个五元组构成：

$$\{c, SP, SPMR(SP, TRUST), Unlock(SP_2, SP_1), Negot\_Type\}$$

其中，包含了两个系统变量、两个行为函数和一个控制参数。c 和 SP 分别是协商请求和用来建立协商的属性证书集，其中包含了自由未保护的证书和对敏感属性进行保护的加锁属性证书；$SPMR(SP, TRUST)$ 表示信任验证 $TRUST$ 能够满足属性集合 SP 的安全需求；$Unlock(SP_2, SP_1)$ 表示属性证书集 SP_1 可以为 SP_2 解锁，使加锁属性证书变成自由未保护的状态。若 SP_1 为 ϕ，$Unlock(SP_2, \phi)$ 则表示 SP_2 中的证书是自由未保护的。$Negot\_Type$ 是 ATN 的性能约束参数，根据协商参与者对云服务安全性和效率的需求，参数是从积极模式到谨慎模式连续的性能约束量。

属性协商过程如图 3.3 所示。

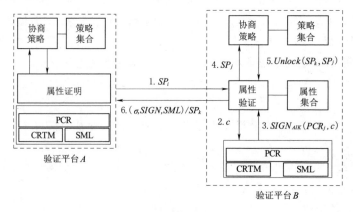

图 3.3　属性协商过程

（1）验证平台 A 通过安全通道（前提假设平台间的通信是安全的）向验证平台 B 发出信任建立请求。这个过程是通过发送平台 A 信任验证的安全需求属性集合 SP_i 来实现的。

（2）验证平台 B 中的属性验证器根据协商策略对 SP_i 中可以暴露的属性集合 $SP_j(SP_j \subseteq S_i)$ 进行验证，生成可信计算证明请求 c，获取平台 B 配置信息 $SIGN_{AIK}(PCR_j, c)$，将其与可信度量日志 SML 通过环签名生成验证消息发送给平台 B。

（3）根据协商策略，利用平台 A 属性集合 SP_i 解锁属性集合得到平台 B 对平台 A 的安全属性需求 SP_k，发送给 B 平台请求验证。

（4）平台 B 在收到平台 A 验证消息 $SIGN_{AIK}(PCR_j, c)$、SML 日志文件、平台 A 的协商安全属性需求 SP_k 后，首先对通过协商验证函数 $SPMR(SP_i, TRUST)$ 验证是否成立。如果成立，说明属性协商成功，建立平台 A 与平台 B 之间的信任关系；否则根据平台 A 的安全属性需求 SP_k 和平台 B 的协商策略重复步骤（1）操作，并将平台 B 的验证消息发送给平台 A。

3.3　性能分析与实验评估

本节对提出的基于属性协商的远程验证方案进行性能分析，通过构建的安全模型，证明方案具有不可伪造性和信息隐藏性等安全属性，并在 Hadoop 平台上对该方法的可行性和有效性进行了验证。

3.3.1　安全性分析

3.3.1.1　安全模型

1. 敌手模型

假设敌手 A 是一个满足属性协商远程证明过程的恶意攻击单元，且能够侦听到验证双方 H 和 V 的信道。敌手 A 能够伪装成任何一方对另一方发送信任验证请求消息 $send(\varepsilon, m)$，$\varepsilon \in H, V$。同时，敌手 A 能够接受由 E 产生的远程证明验证消息。敌手 A 通过 $sendTPM(m)$ 能够与 TPM 通信，假定 m 包含了发送者的身份信息。此外，敌手 A 可能通过某种方式 $\$corrupt_H$ 攻击 H，获取了 H 的配置信息 PCR_s。这里假设敌手 A 无法通过任何手段攻击 TPM。

2. 不可伪造性

假设安全需求是敌手不能够伪装成证明方 P，通过伪造证明方属性集合 cs_P 使其满足 $SPMR(SP, TRUST)$，实际上 $cs_P \notin SP$。在 P、V 和 A 之间进行安全游戏 $Game_A^{unforgeable}(1^k)$。敌手 A 首先从一个 TPM M 中选取平台配置属性信息 $cs_P \notin SP$，然后敌手通过 $send(E, m)$、$sendTPM(m)$ 和 $corrupt_H$ 对证明方 P 发起攻击，其他未被攻击的单元仍旧满足属性协商远程证明过程。

安全游戏 $Game_A^{unforgeable}(1^k)$ 中 A 获胜，当由敌手 A 产生的签名信息 σ 在验证方能够满足 $TRUST_i$。敌手 A 获胜的概率 $SUCC_A^{unforgeable}(1^k)$ 表示为

$$SUCC_A^{evi-auth}(1^k) = Pr[Game_A^{evi-auth}(1^k) = \text{win}]$$

定义 3.7　如果 $SUCC_A^{evi-auth}(1^k)$ 可以忽略，则属性协商证明是不可伪造的。

3. 信息隐藏性

假设安全需求是证明方 P 的平台配置属性信息 cs_P 能够在下面的安全游戏中保证信息是隐藏的。在这里假定证明方 P 的 TPMM 和其载体 H 都是可靠的。在 P、ν 和 A 之间进行安全游戏 $Game_A^{privacy}(1^k)$。敌手 A 通过 $sendTPM(m)$ 和 $corrupt_H$ 选择证明方 P 进行安全攻击。最后，敌手 A 获得一个索引值 i。A 获胜的条件是 i 能够作为 PCR_n 中的索引值，即 $pcr_i = pcr_k$，$pcr_k \in PCR_n$。敌手 A 获胜的概率 $SUCC_A^{privacy}(1^k)$ 为

$$SUCC_A^{privacy}(1^k, n) = Pr[Game_A^{privacy}(1^k) = \text{win}]$$

定义 3.8　如果 $SUCC_A^{privacy}(1^k)$ 是可以忽略的，则属性协商证明过程是可以保证信息

隐藏的。

3.3.1.2 安全性分析

根据上一节构建的安全模型对属性协商的远程证明过程进行安全性分析。

定理 3.1 属性协商远程证明是安全的，当且仅当证明过程满足不可伪造性和信息隐藏性。

证明：

（1）不可伪造性。

敌手 A 在进行 $Game_A^{unforgeable}(1^k)$ 安全游戏之前，首先需要初始化安全参数，这个过程是随机的。生成选取能够使 A 获胜的安全参数的概率 $\varepsilon_1 \leqslant q^2/2^{ln}$，其中 q 表示协商轮数。可以看出 ε_1 是概率极小事件。接着，敌手 A 在安全游戏中开始伪造 TPM 进行签名信息的生成。验证方 ν 收到一个来自于 A 的输出（$SIGN_{AIK}(m)$，σ，m），按照环签名算法的验证过程未发现 A 的 TPM 身份签名是伪造的。这个事件发生需要 A 知道 TPM 的身份私钥 sk 以便与签名公钥相匹配，其概率为 $\varepsilon_{TPM} = 1/pq$。敌手 A 伪造环签名信息，使得验证方 ν 平台通过验证的概率为 $\varepsilon_{RING} = 1/(2^b)^{(r-1)}$，其中 r 为环签名成员数量。敌手 A 在游戏中获胜的概率 $SUCC_A^{unforgeable}(1^k) \leqslant \varepsilon_1 + \varepsilon_{TPM} + \varepsilon_{RING}$。这个概率是可以忽略的，因而远程证明过程满足不可伪造性。

（2）信息隐藏性。

敌手 A 在进行 $Game_A^{privacy}(1^k)$ 安全游戏时，首先发送所需要的安全属性需求。由于假定证明方的 M 和 H 都是可靠的。假设验证方 ν 存在加锁属性 sp_ν，其与所满足的平台配置信息状态为 $PCR_n = \{pcr_1, pcr_2, \cdots, pcr_n\}$。敌手通过信任协商过程解锁属性 sp_ν 的概率为 $\varepsilon_{UNLOCK} = 1/m$，其中 m 为双方协商的次数；敌手通过获取的属性 sp_ν 验证平台配置信息获取 PCR_n 的概率是 $\varepsilon_{PCR} = \dfrac{1}{pq} + 1/r$，其中 pq 为大素数乘积，r 为签名环成员数。最后敌手 A 获胜需要从 n 个 pcr 值中输出索引值 i，其概率为 $1/n$。

$$SUCC_A^{privacy}(1^k) = \varepsilon_{UNLOCK} \times \varepsilon_{PCR} \times 1/n$$

由上式可以看出，敌手 A 获胜的概率是可以忽略的。因而，远程证明过程满足信息隐藏性。

3.3.2 性能对比与实验分析

用基于属性协商的远程证明方法不仅满足安全属性，而且相比较其他几种常用的远程验证方法，具有效率和跨域访问等方面的优势。本节在对比其他几种远程证明方法的同时，采用 Hadoop 云计算平台验证了方法的有效性和可行性。

3.3.2.1 性能对比

为了对本书提出的基于环签名的远程证明方法（Ring - Sig）执行效率进行分析，用如下符号描述所涉及的运算与操作：E 表示指数运算；R 代表加密/解密运算（RSA）；P 表示双线性对运算；H 是 SHA 散列函数运算。在相同安全初始化参数的前提下与两种 DAA 远程证明方法（IDAA[70] 和双线性 DAA[27]）的验证效率进行对比，基于环签名的远程证明方法在计算效率上具有一定的优势。效率分析与性能比较见表 3.1。

表 3.1　　　　　　　　　　　效率分析与性能比较

验证方法与参与者		加入阶段	签名阶段	验证阶段
双线性 DAA	HOST	6P	$3E+ET+3P$	0
	TPM	3E	3E	0
	VERIFIER	0	0	$E2+E3+5P+(n+1)E$
	验证中心	$(n+2)E+2E2$	0	0
IDAA	HOST	$17E+22R$	$44E+31R$	0
	TPM	$11E+10R$	$9E+6R$	0
Ring – Sig DAA	HOST	$3E+H$	$H+(r+2)E$	0
	TPM	$E+H$	$r×R+H$	0

在表 3.1 中，双线性 DAA 中的 n 表示有非法证书的 TPM 数量，Ring – Sig DAA 中的 r 表示构成签名环的 TPM 数量。从这个效率分析表可以看出，这三种 DAA 方法的运算效率是不同的。双线性 DAA 方法的运算速度比较慢，因为包含有指数次方级的运算和操作，同时还与参数 n 的可能取值有关。后两种方法的计算效率都不涉及过多的指数运算，Ring – Sig DAA 方法的效率与签名环中的 TPM 数量 r 有关系，同时 SHA 算法也与散列表长度有关，在能够保证远程验证过程安全性的前提下，应该选取尽可能少的环成员。

与 3.2 节中提到的其他两种远程证明方法相比较，采用环签名的属性协商的远程证明方法具有一定的优势。首先，环签名不需要第三方验证单元参与，可以根据其他 TPM 公钥构建签名环，降低了验证交互开销；其次，环签名计算类型简单，包括哈希运算、ASE 和 RSA 加密解密运算，计算复杂度相比较其他两种验证方法有所降低；验证方对于环签名消息验证方法较方便，判断签名方平台可信性过程效率高。远程证明方案性能比较表 3.2。

表 3.2　　　　　　　　　　　远程证明方案性能比较

属性	Privacy – CA	DAA	Ring Sig – RA
第三方支持	强	弱	无
运算复杂度	一般	高	低
共谋攻击威胁	有	有	无
身份隐藏	一般	好	好
签名撤销	易	难	易
跨域验证	不支持	支持	支持

3.3.2.2　实验验证

为了能够更好地考查云计算环境下属性协商的远程证明的有效性和可行性。我们采用 Hadoop 作为实验平台，利用 TPM 的功能模拟器 TPM – Emulator 代替 TPM 硬件，对跨安全域的服务资源进行可信验证。

1. 平台配置

平台的硬件配置包括 106 个以 PC 机和虚拟组织构成的局域网，3 台千兆交换机。软件配置包括 ubuntu10.04（内核 2.6.32）；Hadoop 0.20.203 平台；TPM 模拟器 TPM -
Emulator - 0.7.4；密码算法为 gmp - 5.0.4；jdk1.6.0 - 26；TCG 软件栈 jTSS - 0.6；数
据库 Mysql1 - 4.4。

2. 实验方案与设计

在 Hadoop 平台的基础上，为每个节点部署 TPM 仿真环境来模拟可信计算架构，如
图 3.4 所示。这个仿真环境由用来模拟硬件 TPM 功能的 TPM - Emulator 与交互接口
jTSS 和 JDK 组成。证明方所在环境与验证方所在环境是跨域的，彼此之间没有第三方验
证中心进行身份鉴别。证明方节点 192.168.1.5 具有自身域内 TPM 公钥组成的签名环，
验证方节点 10.10.10.3 也是如此，各自都根据身份验证安全强度维护签名环。根据
Master 节点的调度访问域外证明方节点，首先由验证方发起远程证明请求，然后按照协
议进行交互，最后确定与域外证明方节点的信任关系。

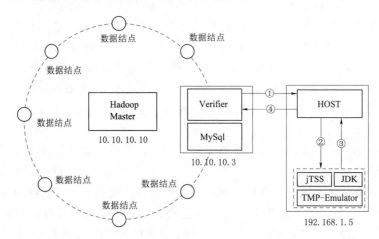

图 3.4　基于属性协商的 Hadoop 可信云平台

3. 实验结果与分析

根据从证明方发起远程证明请求到确定双方信任关系的时间 t，通过三种远程验证方
法和几种签名环生成方式在 Hadoop 平台上验证相同配置下远程证明的效率，实验结果如
图 3.5（a）所示。在 Hadoop 管理的安全域中包含的节点数，也就是 TPM 数量与远程证
明的效率有一些关系。由于远程匿名证明方式与安全域中的主机数量没有太大关系，它的
时间开销主要来自于零知识证明过程和与验证中心、证明方的通信。因此，时间开销基本
稳定在 1s 左右。而对于 Pravacy - CA 远程证明方法来说，它的时间开销除了通信和计算
以外，还有在验证中心进行自身公钥合法性验证中的查找时间。因而，其时间开销随着
TPM 数量的增加呈上升趋势。基于环签名的远程证明方法主要时间开销来自于签名环构
建和环方程求解过程，安全域内节点较少时，其时间开销与 Pravacy - CA 相似。但是，随
着节点数的增加，其时间开销增速明显趋缓。

为了评估属性协商过程中敏感信息保护对协商时间开销的影响。通过对每一轮协商过
程所需时间来对四种属性集合部署方式下的协商效率进行验证。实验结果如图 3.5（b）
所示。从实验结果中可以发现，敏感属性保护级别最低的 0locked 部署方式协商时间开销

最小。而保护级别最高的 6locked 部署方式无法像其他几种部署方式一样收敛于 0ms，说明在有限次协商轮次中无法达到协商成功状态。属性集合中用于保护敏感属性的加锁证书数量越多，隐私保护程度越高，但是，协商效率会变得逐渐低下。如果没有很好的协商策略的保证，高比例的非自由属性组成的属性集合比较容易造成协商死锁状态。因此，在云计算环境中，为了兼顾敏感属性信息不被泄露，同时保证协商效率，需要考虑协商策略的设计和加锁属性的配置问题。

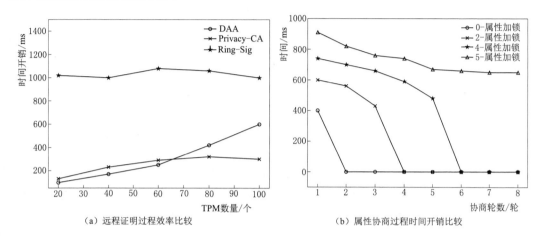

（a）远程证明过程效率比较　　　　　　　（b）属性协商过程时间开销比较

图 3.5　算法性能比较

3.4　本　章　小　结

开放的云计算环境中，彼此陌生的服务资源之间的信任关系不易建立与维护。本章围绕跨域云服务资源信任验证与评估问题展开研究。利用可信计算远程证明方法对资源加载平台的身份可靠性和平台完整性进行度量与评估，进而建立资源之间的平台信任关系。为了适应云计算环境资源跨域迁移频繁、组合方式灵活的特点，提出一种基于环签名技术的属性协商远程验证方法。基于环签名的远程证明方法能够有效地保护签名者身份信息，在无须第三方参与的前提下完成消息的可信签名，提高了验证双方的交互效率。在支持可信计算的私有云环境中，该方法为跨域的资源访问与调度提供了安全保障。同时，利用属性协商机制屏蔽远程证明过程中的二进制平台配置信息，保护了敏感属性的隐私性。相比较常用的远程证明方法，这种方法具有计算效率高、证明过程便捷的特点，适合跨域云服务资源访问环境。通过构建安全模型证明了方法安全性，利用运算类型对比说明了方法高效性，在 Hadoop 平台下的应用实验验证了方法的可行性。

第4章

基于本体的云服务资源访问控制策略描述

4.1 引　言

云计算环境中，分布式的服务资源与访问用户数量庞大、异构性强。根据部署视角的云计算环境分类，私有云环境中的资源和用户相对单一。访问主体与访问对象之间可以利用传统的访问控制方法进行授权操作。然而，对于复杂的、开放的混合云和公有云环境，跨域资源或用户之间的主体特征信息不易进行交互与描述。从属于不同安全域中的资源存在着复杂的层次和共享关系。这些描述某一领域内知识的特征结构，无法在访问授权过程中进行有效的表达。这就需要在跨域资源授权过程中，对资源的基本特征建立具有通用的、准确的、一致的概念描述体系。同时，为了对访问控制授权过程进行逻辑推理，维护授权规则的一致性和完整性，必要且完善的领域知识描述是建立推理引擎的基础。

4.2 相 关 理 论 概 述

4.2.1 本体概念

本体（Ontology）的概念最初是用作表示客观存在的一种解释或者说明，是客观存在现实的抽象本质。在信息科学领域中，引入本体理论是为了更好地描述自然世界的实体和知识，便于进行形式化模型的抽象建模。20世纪60年代Gruber给出了广义的本体定义，"本体是概念模型的规范说明"[71]。随后，Studer对本体概念描述进一步完善，认为本体是"共享概念模型的明确形式化的规范说明"，并且从概念模型、明确、形式化和共享4个层次描述了定义的内涵[72]。

（1）概念模型（Conceptualization）：对于客观世界的相关概念进行抽象的过程，表现为一组概念（如实体和属性）、定义和关系，概念模型的表现独立于具体的环境状态。

（2）明确（Explicit）：概念和概念之间的约束都要有明确的、无歧义的定义。

（3）形式化（Formal）：本体能够通过适当的本体语言编码，转换为计算机可读的，且能够利用计算机处理的形式化描述。

（4）共享（Shared）：本体体现的是领域内共同认可的知识，反映的是领域内公认的概念集。

从给出的基本定义中可以看出，本体理论的基本目标是捕获相关领域内的共有知识，在领域内形成共同理解的词汇集。同时，从不同层次的形式化模型上给出这些词汇集中术语以及术语之间的关系，便于实现领域知识的推理。

4.2.2 本体描述语言

云服务资源需要一个能够被云计算上下文环境共同接受的信息描述标准。它不仅能够体现资源概念之间的一致性，而且能够将这些概念的形式化表达利用计算机语言描述，以便于计算机进行处理。为了能够更清晰地描述领域知识，本体的形式化表达语言需要具备以下几种要求：良好的语法定义（A Well – Defined Syntax）、良好的语义表达（A Well – Defined Semantics）、有效的推理支持（Efficient Reasoning Support）、充分的表达能力（Sufficient Expressive Power）、表达的方便性（Convenience of Expression）[73]。

为了解决自然语言识别和领域知识共享的问题，基于本体的形式化语言描述被用于计算机语言的知识表示。经过多年的发展，本体描述语言形成了种类繁多的语言体系，常见的本体语言有 XML – based Ontology exchange Language（XOL）[74]、Simple HTML Ontology Extensions（SHOE）[75]、DARPA Agent Markup Language（DAML）及 Ontology Inference Layer（OIL）[76]、DAML + OIL[77]、Resource Description Framework（RDF）[78] 及 RDF Schema（RDF – S）[79]、Web Ontology Language（OWL）[80]、Knowledge Interchange Format（KIF）[81]、Ontolingua[82]、LOOM[83]。在这些本体描述语言中，和 Web 体系有关的语言有：RDF 和 RDF – S、OIL、DAML、OWL、SHOE、XOL。其中 RDF 和 RDF – S、OIL、DAML、OWL、XOL 之间有着密切的联系，是 W3C 的本体语言栈中的不同层次，都是基于 XML 的。而 SHOE 是在 HTML 基础上的一个扩展。KIF 作为美国国家标准，主要作为一种交换格式多用于企业级应用，并没有广泛地应有于互联网环境。Ontolingua 是一种基于 KIF 的提供统一规范格式构建的本体语言，主要用于 Ontology 服务器。Loom 是 Ontosaurus 的描述语言，一种基于一阶谓词逻辑的高级编程语言，属于描述逻辑体系。为了便于对本体语言体系的表达，W3C 把用于本体语义的语言模式利用层次结构描述出来，如图 4.1 所示。

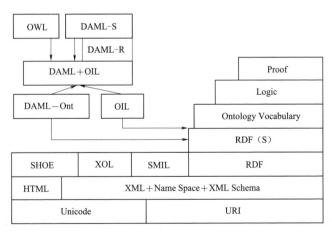

图 4.1　层次化的本体语言体系

RDF 资源描述框架是 W3C 推荐的一种基于 XML 的标准，主要用来描述资源信息。RDF 采用简单的模型来表示任意类型的数据和对象。这种模型由 XML 节点和节点之间的关系组成，节点用来表示 Web 中存在的资源，关系用来表示资源的具体属性。RDF 数据模型的实质是一种二元关系表达。由于任何复杂的关系都可以分解为多个二元关系，因此 RDF 的数据模型可以作为其他任何复杂关系模型的基础模型。RDF 能够限制 XML 的语义描述，使其能够满足资源语义描述。通过 XML 和 RDF 的结合，不仅可以实现数据基于语义的描述，也能够充分发挥 XML 和 RDF 各自的优点，便于 Web 数据资源的搜索与相关知识的发现。RDF - S 为 RDF 资源的属性和类型提供词汇空间。RDF - S 通过类的概念和层次关系为服务资源提供元数据描述支持。RDF - S 在提供了简单的机器可理解的语义模型的同时，为领域化的 Ontology 语言（OIL、OWL）提供了建模基础，并使得基于 RDF 的应用可以方便地与这些 Ontology 语言所生成的 Ontology 进行合并。RDF 的这一特性使得基于 RDF 的语义描述结果具备了可以和更多的领域知识进行交互的能力，也使基于 XML 和 RDF 的 Web 数据描述具备了良好的生命力。

4.3　云服务资源访问控制本体模型

云服务资源访问控制过程中，资源实体数量庞大，授权关系复杂。为了更好地对云服务资源进行授权推理，对于资源属性和授权策略需要有标准化、规范化、形式化程度较高的概念与关系描述方法。本节利用本体的方法对云服务资源和授权规则进行建模。为参与服务资源访问控制过程的不同实体建立统一的、抽象的结果描述。利用本体的概念类、实例和关系等抽象定义，为描述不同层次的异构资源属性描述和规则定义提供可共享的领域知识。基于本体的服务资源基本属性描述不仅对资源属性的结构化抽象描述提供支持，也使得资源间基于规则的授权推理成为可能。

4.3.1　服务资源本体描述

对于云计算环境中的资源访问授权过程来说，主要包含 5 种本体元素，分别是资源本体（Resource）、属性本体（Attribute）、动作本体（Action）和策略规则本体（Policy）。其中资源本体和属性本体主要是进行参与访问控制过程的实体安全性能描述。动作本体用来描述资源的授权过程。策略规则本体用来控制实体之间的授权操作。首先，给出基本的描述符号集合。

定义 4.1　描述符号集（Symbol Set, SS）：$SS = \langle TYPE, RESOURCE, ATTRIBUTE,$ $POLICY, ACTION, STATUS \rangle$，其中，$TYPE$ 是用来描述元素类型的符号集合；$ATTRIBUTE$ 包括了描述实体元素特征的属性集合；$POLICY$ 是描述控制元素授权或者操作动作的策略集合。对于 $ATTRIBUTE$ 和 $POLICY$ 是本书关注的重点，在后面的章节中将展开进行分析和研究；$ACTION$ 包含了对元素的基本操作；$STATUS$ 是表述元素状态的基本集合。

云服务资源包含的访问控制参与实体数量庞大，类型众多，其中主要的实体元素是访问主体和访问对象。访问主体和访问对象可以是云用户，也可以是其他形式的云服务资源。当访问主体云用户向云服务中心请求服务资源时，服务调度中心从资源池中选取满足云用户需求的服务资源作为访问对象。这些资源多以虚拟组织的形式部署在服务资源池中，以便于服务的组合与迁移。为了有效地对访问对象进行授权管理与访问控制，管理安全域为访问主体提供满足安全性能需求的逻辑安全域服务资源组合。这个逻辑层面的管理安全域是相对于实体资源所属的物理安全域来说的。通过对物理安全域中资源属性组装和访问策略的组合，管理安全域可以自适应地构建满足访问主体安全需求的访问对象集合。为了避免在访问控制过程中，参与实体之间的语义出现二义性，更好地对下文中的访问控制策略和授权关系进行描述，我们给出所有参与实体资源的本体抽象描述。

定义 4.2　云服务虚拟组织（Visual Org，VO）：$VO = \langle vo\_type, vo\_attribute \rangle$，其中 vo_type 用来描述虚拟组织的类型，比如计算资源池、存储资源池或者网络访问资源池等；$vo\_attribute$ 用来描述符合类型要求的虚拟组织属性。

形式化描述为 $VO \subseteq TYPE \times ATTRIBUTE$。

定义 4.3　管理安全域（Security Domain，SD）：$SD = \langle sd\_type, sd\_attribute, sd\_policy \rangle$，其中，$SD$ 是构建在资源池之上的访问授权管理的逻辑单元；sd_type 用来表示 SD 的访问控制类型，以此来描述内部资源的安全保护级别；$sd\_attribute$ 描述 SD 所具有的基本属性；sd_policy 表示约束 SD 资源访问的控制策略。

形式化描述为 $SD \subseteq TYPE \times ATTRIBUTE \times POLICY$。

定义 4.4　访问主体（Access Subject，AS）：$AS = \langle as\_type, as\_attribute, as\_policy, as\_action, as\_status, req \rangle$，其中，$AS$ 是发起资源访问请求 req 的基本单元，其类型 as_type 描述该单元所描述的资源类型，是用户还是服务资源；as_policy 是控制 AS 进行授权和操作的策略；as_action 是对 AS 所进行的操作；as_status 用来描述当前 AS 所属的状态。

形式化描述为 $AS \subseteq TYPE \times ATTRIBUTE \times POLICY \times ACTION \times STATUS \times REQ$。

定义 4.5　访问对象（Access Object，AO）：$AO = \langle ao\_type, ao\_attribute, ao\_policy, ao\_action, ao\_status, as\_vo, as\_sd \rangle$，其中的大部分定义与 AS 中的相同，不再复述。对于 as_vo，as_sd 分别用来表示其所在虚拟组织和管理安全域。形式化描述为 $AO \subseteq TYPE \times ATTRIBUTE \times POLICY \times ACTION \times STATUS \times REQ \times VO \times SD$

定义 4.6　属性（Attribute，ATB）：$ATB = \langle at\_name, at\_type, at\_value, at\_op, (ATB, \leqslant), at\_status \rangle$，属性是用来描述访问控制过程上下文环境中，$AS$ 与 AO 的状态和活动等信息。在这个定义中，at_name 表示属性名称；$at\_type \in TYPE$ 用来描述属性类型，其中属性描述的类型元素包括 $TYPE = \{rdfs: ObjectProperty \bigcup rdfs: DatatypeProperty\}$，以满足 RDF 资源描述要求；$at\_value$ 表示数据类型属性的值以及相应的属性操作符 at_op，$at\_op \in \{\geqslant, \leqslant, <, >, =, \neq \in \notin\}$；此外，属性之间存在的偏序关系（4.3.3.1 节将介绍）表示为 $(ATB, \leqslant)$；属性的状态态表示为 at_status，$at\_status \in \{permity, deny\} \bigcup \{locked, free\}$，包括了属性授权状态和属性敏感状态。

定义 4.7　属性集（Attribute Set，ATS）：$ATS = \bigcup_{i=1}^{n} AT_i$，$n \in \mathbb{N}$，属性集 ATS 是由多个属性 ATB、构成的具有一定结构的抽象描述集合。每种类型的资源都具有各自特性的属性集，比如虚拟组织属性集 ATS_{VO}、管理安全域属性集 ATS_{SD}。属性集中的属性之间具有偏序关系，属性集合之间也具有层次关系。通过这些关系能够描述更多的资源语义。在访问授权过程中，通过对属性集中的属性值和属性间关系等信息的判断，完成对资源的访问控制操作。

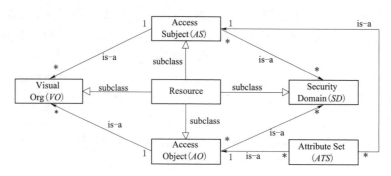

图 4.2　云服务资源本体基本元素描述

在以上云服务资源访问控制的主要元素中，访问主体 AS 和访问对象 AO 是主要的参与者。资源属性用来细粒度描述 AS 和 AO 的性能和安全等信息。云计算环境中，虚拟组织 VO 包含虚拟资源和单元。但是作为访问控制系统中的描述，相对于管理安全域 SD 来说，我们将其理解为物理实体，SD 称为逻辑实体。对于 AS 和 AO 来说可以来自于不同的物理实体，按照安全性需求，通过服务组合的方式组成逻辑的管理安全域 SD。这些元素之间的关系可以用图 4.2 来表示。VO、SD、AS 和 AO 都是一般抽象类 $Resource$ 的子类（subClass），它们共享父类的属性信息，都具有相同的类型和属性描述。在访问控制过程中主要是 AO 和 AS 实体间进行操作，两者之间存在等价类关系（equivalence Class），可以创建结构相同的实例。同时，AS 和 AO 从属（is-a）于用来描述物理实体的 VO 和逻辑安全域的 SD 中。这种从属关系分别是多对一和多对多的关系。在资源搜集、组合和调度过程中，AS 和 AO 只能来源于一个虚拟组织中。而两者可以从属于不同的管理安全域中，具有不同的安全配置和授权访问级别。属性类 ATS 也是资源的一个子类，也是 AS 或者 AO 的子集。

4.3.2　授权动作与策略规则本体描述

访问授权动作和控制策略用来表达对资源的授权操作和访问规则。对于访问主体 AO，访问对象 AS 和管理安全域 SD 来说，都具备各自的访问策略。根据自身所具有的属性集 ATS 对访问请求做出响应动作。

定义 4.8　规则（Rule，RL）：$RL = \langle rl\_type, rl\_as, rl\_ao, rl\_action \rangle$，其中 rl_type 用来描述规则类型；rl_as 和 rl_ao 分别表示规则适用的访问主体和访问对象；rl_action 表示规则控制下访问主体对访问客体进行的操作行为。这种操作行为通过授权动作影响操作对象的状态。

形式化表述为 $RL \subseteq TYPE \times AS \times AO \times ACTION$。

定义 4.9　策略（Policy，POL）：$POL = \langle pol\_type, pol\_target, \bigcup_{i=1}^{n} rl_i, rl\_combin, pol\_effect \rangle$，其中 pol_type 表示规则的类型；pol_target 是策略作用的对象，其中包含了访问主体需要对访问客体进行的操作等访问控制需求信息；$\bigcup_{i=1}^{n} rl_i$ 是组成策略的规则集，策略由多个规则组成，以描述不同访问主体对客体的不同操作动作授权；rl_combin 表示规则合并方法，用来决定选择规则的组合方式；pol_effect 表示策略对访问对象的作用效果，$pol\_effect \in \{Permit, Deny\}$。

定义 4.10　策略集（Policy Set，*POLS*）：$POLS=\langle pols\_type, pols\_target, \bigcup_{i=1}^{n} pol_i, pol\_combin, pols\_effect\rangle$，策略集中包含的基本元素大部分与策略类似，其中 $POLS=\bigcup_{i=1}^{n}POL_i, n\in\mathbb{N}$ 表示由策略 *POL* 组成的集合，pol_combin 表示策略组合方法。

定义 4.11　授权动作（Aciton，*ACT*）：$ACT=\langle act\_type, as, ao, action\rangle$，授权动作与规则描述类似，表示实现操作的授权规则。形式化描述与规则描述相同。

策略规则和授权动作本体描述中包含的基本元素是规则和动作。规则和动作存在等价类关系，两者具有相同的本体结构，而描述的访问控制阶段不同。策略和策略集分别是由规则和策略按照组合算法的配置组成的，如图 4.3 所示。在描述资源访问控制的规则、策略和策略集中，都包括了访问控制的双方 *AS* 和 *AO*。规则和策略之间是一对多的关系，策略和策略集之间也是如此。

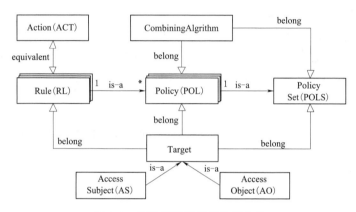

图 4.3　策略规则和授权动作本体

4.3.3　元素间的关系描述

云服务资源访问控制本体的基本元素包括了服务资源和授权规则。属性和规则是构造资源本体的基础。关系是构造本体元素之间的复杂结构的主要支撑。复杂的资源本体和策略本体都是通过属性和规则之间的关系构造的。比如，访问主体 *AO* 的一个实例用户 *user* 具有安全属性（数字证书、信用记录等）、身份属性（身份 ID、姓名等）和环境属性（地点、时间等）。而访问对象 *AS* 的实例服务 *server* 具备服务性能、安全性能和网络性能等属性。这些属性通过从属关系构造了资源本体 *AO* 和 *AS*，而对于某一属性，如 *user* 身份属性中的身份 ID 与身份证号构成了键-值关系。资源实例 *user* 和 *server* 之间通过规则本体之间的组合关系决定两个实例间的访问授权关系。服务资源的本体关系是通过本体概念之间的映射来实现的。这种映射关系包含了定义域和值域两个部分。关系是定义域通常是一个概念，而值域根据关系类型可以是概念也可以是具体的取值域。

定义 4.12　关系（Relationship，*RLS*）：本体元素之间存在如下的二元关系：$RLS=(C_i, C_j)$，其中 $i, j\in\mathbb{N}^+, C\in Resouce\bigcup Value$。

本体的关系具有以下性质：

（1）关系的逆（Inverse‐of）：一个关系可以是另一个关系的逆关系。如身份 ID 是身份属性的子属性，与身份属性具有 $hasSubAttribute$ 关系。而身份属性与身份 ID 属性就具有父属性关系 $hasParAttribute$。

（2）关系传递（Transitive - to）：如果存在关系（C_i，C_j）和关系（C_j，C_k），则存在关系（C_i，C_k）。如身份属性与用户 $user$ 之间具有从属关系，身份 ID 与身份属性之间具有从属关系，则身份 ID 与 $user$ 之间也具有从属关系。

（3）关系函数性（Function）：关系描述的是实体或者规则之间的映射，具有定义域和值域。比如身份 ID 属性的值映射为字符串域当中的值，属性与值之间存在 hasValue 关系。

4.3.3.1　资源本体元素间的关系

服务资源与属性本体中存在的关系主要包括层次关系（subClass - of）、等价关系（e-quivalent - of）、从属关系（is - a）和复杂关系 4 种主要类型。

1. 层次关系（subClass - of）

层次关系主要用来描述资源和属性之间所具有的继承关系。一个概念类可以包含多个子类结构，这些子类结构满足概念类所具有的属性和关系，继承父类的操作。层次关系是一种偏序关系，用（$CLASS$，$\leqslant$）来表示。这种偏序关系具有传递性$(C_i,C_j\leqslant) \land (C_j,C_k\leqslant)\rightarrow(C_i,C_k\leqslant)$、反对称性$(C_i,C_j\leqslant)\bigcap(C_j,C_i\leqslant)\rightarrow\varnothing$和自反性（$C_i$，$C_i\leqslant$）。父类概念中的属性构成了资源超集，子类概念中的属性构成了资源子集。

2. 等价关系（equivalent - of）

等价关系是去除反对称性的层次关系。两个概念类之间等价说明它们彼此之间具备相同的属性和关系，能够创建相同的实例。如规则类和动作类。

3. 从属关系（is - a）

从属关系表示一个资源属性是另外一个资源属性的子集。从属关系与层次关系的区别是不存在资源类之间的继承，子类只是父类的子集，即不存在偏序关系。对于两个概念类之间的从属关系可以表示为 $R_{is-a}(C_i，C_j)：I_i\subseteq I_j$，其中 I_i 和 I_j 分别是由概念 C_i 和 C_j 创建的实例。

4. 复杂关系

除了上述的几种基本关系外，资源类之间通过布尔运算还存在着交集、并集、补集和枚举等复杂类关系。

（1）类相交关系（intersection - of）：两个类具有相同的属性结构和描述所构成的子集，表示为 $R_{intersection-of}(C_i，C_j)：I_k\in I_i\bigcap I_j$，其中 I_k 是由相交关系类构造的实例。如虚拟组织类 VO 与管理安全域类 SD 构建的实例集的交集，构成了在某一安全域管理下的虚拟组织类。

（2）类组合关系（union - of）：两个类的并集构成同时具备两个类属性和关系的新类，表示为 $R_{union-of}(C_i，C_j)：I_k\in I_i\bigcup I_j$，其中 I_k 使用两个类并集组成的新类构造的实例。比如由满足访问主体 AO 安全需求的访问客体 AS 资源组成的管理安全域 SD，同一 SD 中的服务资源具备相同的安全性能描述属性和授权规则。

（3）类补集关系（complement - of）：在一个类中取出其中一个子类的概念描述，表示为 $R_{complement-of}(C_i，C_j)：I_k\in I_i/I_j$，其中 I_k 是两个类补集组成的新类构造的实例。如用户身份属性与身份 ID 属性的补集关系，构造了安全性能较高的粗粒度用户描述类。

（4）枚举关系（one‑of）：通过枚举某一类中的所有可能的实例来描述一个类概念。如用户身份属性中的性别属性与性别类 {male，female} 构成枚举关系类。

（5）互斥关系（disjoint‑with）互斥类关系说明两个类之间不存在交集关系，表示为 $R_{disjoint-with}(C_i，C_j)：I_i \cap I_j = \varnothing$；

此外，还有键‑值映射关系（hasValue）：属性类与数值类型枚举类之间构成键‑值映射关系，表示为 $R_{hasValue}(C_i，C_j)：C_i \times C_j，C_i \times ATB，C_j \in \{\#integer，\#flocat，\#bool\}$。

4.3.3.2 规则本体元素间的关系

服务资源的规则本体是授权策略和操作的基本元素。规则本体与动作本体是等价类关系，而与策略本体和策略集本体是从属关系，规则本体中存在层次关系，图 4.3 中有规则本体与其他授权操作本体间的关系描述。规则本体之间除了具有类似于资源本体之间的关系外，规则与资源本体之间存在着授权关系（hasAssign），同时，策略内的规则之间还存在着组合或合并关系（combing‑to）、分解关系（resolve‑to）、冲突关系（conflict‑with）和冗余关系（redundant‑with）。

（1）授权关系（hasAssign）：通过规则在资源本体之间建立授权关系。对于资源访问主体 AS 和访问对象 AO 来说，AS 通过 hasAssign 关系授权访问 AO。授权关系表示为 $R_{hasAssign}(I_i，I_j)：I_i \in AS，I_J \in AO$。

（2）组合关系（combining‑to）：规则间的组合关系是构建策略的基础，表示为 $R_{combining-to}(I_i，I_j)：I_i \bigcup I_j，I_i.rl\_ao = I_j.rl\_ao$，其中 I_i 和 I_j 分别表示两个规则本体实例，且这两个实例的访问对象一致。策略集中的策略组合关系与此类似。在策略中的规则通过外部组合函数，进行规则组合判定，选择某一规则实例对资源本体进行授权。

（3）分解关系（resolve‑to）：分解关系用来描述规则之间的从属关系，对于规则 I_j 的分解规则 I_i 来说，可以表示为 $R_{resolve-to}(I_i，I_j)：I_i.rl\_as \subseteq I_j.rl\_as$。分解关系的规则具有相同的访问对象和动作操作，只是访问主体存在蕴含关系。分解的规则是原来规则的子规则，其授权动作之间也存在蕴含关系。

（4）冲突关系（conflict‑with）：冲突关系是用来描述两个规则对同一资源进行的操作动作存在不一致的情况，表示为 $R_{conflict-with}(I_i，I_j)：I_i.rl\_action \bigcap I_j.rl\_action = \varnothing$，$I_i.rl\_ao = I_j.rl\_ao$，规则的授权对象一致而授权动作不同。规则之间的冲突会造成组合而成的策略对资源授权不一致的情况产生。为了避免这种情况产生，第 5 章将利用逻辑推理的方法对这种规则关系进行检测。

（5）冗余关系（redundant‑with）：规则间的冗余关系用来描述对同一资源的重复操作动作。对于规则 I_j 的冗余规则 I_i 来说，可以表示为 $R_{redundant-with}(I_i，I_j)：I_j.rl\_as \subseteq I_i.rl\_as$。冗余关系和分解关系具有互逆性，规则的冗余规则与原规则具有分解关系。

4.3.4 约束与限制

为了满足本体逻辑推理的完备性和可计算性要求，同时又尽可能地提高本体语义的描述能力，需要对之前定义的本体元素和关系加入约束和限制。这些约束包括存在和全称量词约束，以及基数约束。

（1）全称量词约束（allValuesFrom）：对于每一个有具有关系的资源本体构建的实例来说，关系的值域必须是由 allValuesFrom 约束指定的全部本体成员实例组成。在这里，allValuesFrom 相当于全称量词。如果一个本体的实例 I_i 通过关系与另一个实例 I_j 存在全称量词约束下的联系，则 I_j 可以解释为该局部值域约束下本体的实例。例如：网银服务中所具备的所属银行属性，与之关联的银行子属性通过 allValuesFrom 约束被限定在一个由所有银行组成的类的实例中。

（2）存在量词约束（someValueFrom）：与全称量词约束类似，表示至少有一个值域指向本体构造的实例中。在这里，someValueFrom 也可以理解为存在量词。例如：用户所具备的浏览器类型属性，通过 hasValue 关系与一个属性本体关联。存在量词约束下，本体构建的实例值域至少存在一种浏览器类型。

（3）基数约束（Cardinality）：基数是限制某个本体实例通过关系关联到另一个本体实例中的数量。基数约束主要是对实例之间的一对多或者多对多的实例数量限制。严格的本体设计语言（如 OWL - Lite）要求技术的值只能是 0 或者 1，表示某一本体关系的目标本体所构建的实例只能是 0 个或者 1 个。本书中，由于存在资源和规则之间的层次关系，对基数约束在自然数区间内。

4.4 扩展的 XACML 云服务资源本体描述

XACML 访问授权规则语言主要关注规则的授权与策略的组合，对资源属性的语义描述略显匮乏。对于云服务资源来说，资源属性存在着层次关系，访问主体与访问客体的资源类型繁多，关系复杂。在云计算上下文环境中的授权推理需要富含语义的资源属性与规则的描述。本节在上文构建的访问控制本体模型抽象描述的基础上，扩展 XACML 策略描述语言，利用资源属性本体元数据描述来描述 XACML 规则 Target 中的访问主体与访问客体的属性（AttributeValue）。这种扩展使得 XACML 策略描述语言能够包含更多的访问授权双方资源属性的语义，为推理引擎提供更多的领域知识。

4.4.1 资源本体元数据

资源本体是本体模型中的顶层元素，主要包含类型（TYPE）、状态（STATE）、实体（ENTITY）和动作（ACTION）4 个属性和 2 个子类访问主体（SUBJECT）和访问客体（OBJECT）。资源本体的类型属性是用来表示资源所属种类，状态描述资源的授权或者被授权的相关信息，实体包括参与访问授权过程的资源信息，动作是表述资源发生状态改变所需要的条件和结果。资源本体的两个子类，分别用来描述访问授权过程中的参与双方。资源本体的 RDFS 元数据模型代码如下：

```
01 < RDFS:CLASS rdf:ID= "Resource">
02 < RDFS:LABEL> Resource< /RDFS:LABEL>
03 < /RDFS:CLASS>
04 < RDFS:CLASS rdf:ID= "Subject">
```

```
05 < RDFS:SUBCLASSOF rdf:RESOURCE= "# Resource"/>
06 < /RDFS:CLASS>
07 < RDFS:CLASS rdf:ID= "Object">
08 < RDFS:SUBCLASSOF rdf:RESOURCE= "# Resource"/>
09 < /RDFS:CLASS>
10 < RDFS:PROPERTY rdf:ID= "Type">
11 < RDFS:DOMAIN rdf:RESOURCE= "# Resource"/>
12 < RDFS:RANGE rdf:RESOURCE= "# TYPE"/>
13 < /RDFS:PROPERTY>
14 < RDFS:PROPERTY rdf:ID= "State">
15 < RDFS:DOMAIN rdf:RESOURCE= "# Resource"/>
16 < RDFS:RANGE rdf:RESOURCE= "# STATUS"/>
17 < /RDFS:PROPERTY>
18 < RDFS:PROPERTY rdf:ID= "Entity">
19 < RDFS:DOMAIN rdf:RESOURCE= "# Resource"/>
20 < RDFS:RANGE rdf:RESOURCE= "# ATTRIBUTE"/>
21 < /RDFS:PROPERTY>
22 < RDFS:PROPERTY rdf:ID= "Action">
23 < RDFS:DOMAIN rdf:RESOURCE= "# Resource"/>
24 < RDFS:RANGE rdf:RESOURCE= "# ACTION"/>
25 < /RDFS:PROPERTY>
```

本体资源类中的类型属性的值域属于 $TYPE$ 元素名字空间。资源本体元模型中的实体属性是描述资源所具有的安全性能的主要信息。实体属性的值域属于 $ATTRIBUTE$ 元素名字空间。状态属性中的值域属于 $STATUS$ 元素名字空间，本书主要探讨访问授权问题，$STATUS$ 名字空间可以描述为 $\{Permit，Deny\}$。动作属性的值域属于 $ACTION$ 元素名字空间。访问主体 $Subject$ 和访问客体 $Object$ 继承了资源本体的结构和属性。

4.4.2　属性本体元数据

用于描述访问主体和访问客体安全性能的属性继承了资源本体中的元素。这些属性具有层次结构，能够反映资源描述属性之间的从属关系，其描述粒度则影响着资源的安全性能。属性类中包括属性类型 $Type$、属性关键字 Key 和属性值 $Value$。属性所属的类型包括系统属性、平台属性或者服务属性，这些属性从不同的层次描述资源所具有的安全性能。属性关键字用来指定属性所属的访问实体，主要有访问主体和访问客体两个词汇集组成。属性值的值域包括访问实体和数据两种类型。访问实体值域映射关系用来描述属性与资源的从属结构和属性之间的层次结构。数据值域映射关系用来描述属性所具有的具体键值，这里只考虑整型和字符型两种数值类型，$\sharp DATA=\{Integer，String\}$。属性元素的元数据模型代码如下：

```
01 < RDFS:CLASS rdf:ID= "Attribute">
02 < RDFS:SUBCLASSOF rdf:RESOURCE= "# Resource"/>
03 < /RDFS:CLASS>
```

```
04 < RDFS:PROPERTY rdf:ID= "Type">
05 < RDFS:DOMAIN rdf:RESOURCE= "# Attribute"/>
06 < RDFS:RANGE rdf:RESOURCE= "# TYPE"/>
07 < /RDFS:PROPERTY>
08 < RDFS:PROPERTY rdf:ID= "Key">
09 < RDFS:DOMAIN rdf:RESOURCE= "# Attribute"/>
10 < RDFS:RANGE rdf:RESOURCE= "# Resource"/>
11 < /RDFS:PROPERTY>
12 < RDFS:PROPERTY rdf:ID= "Value">
13 < RDFS:DOMAIN rdf:RESOURCE= "# Attribute"/>
14 < RDFS:RANGE rdf:RESOURCE= "# Resource"/>
15 < /RDFS:PROPERTY>
16 < RDFS:PROPERTY rdf:ID= "Value">
17 < RDFS:DOMAIN rdf:RESOURCE= "# Attribute"/>
18 < RDFS:RANGE rdf:RESOURCE= "# DATA"/>
19 < /RDFS:PROPERTY>
```

属性值之间的偏序关系能够有效地描述属性所具有的层次结构。对于数值类型的属性值之间的偏序关系，可以利用关系运算符进行描述。而对于资源类型的数值之间的偏序关系，则通过子类的方式表达。

（1）对于整型数值偏序关系（ATB，$\leqslant$）$_{INT}$ 来说，优先级关系遵循数值型关系运算法则，若 $Attribute_i.value \leqslant Attribute_j.value$，则说明 $Attribute_i$ 具有较高的优先级；反序关系亦然。

（2）对于字符型数值偏序关系（ATB，$\leqslant$）$_{STRING}$ 来说，优先级关系需要按照字符串类型中的明确定义判定其优先级。

（3）对于资源类型值的偏序关系（ATB，$\leqslant$）$_{Resource}$ 来说，优先级关系通过子类的方式来表示。若 $Attribute_i.value \leqslant Attribute_j.value$，则存在子类关系 $Attribute_i \sqsubseteq Attribute_j$。

4.4.3　策略规则扩展描述

策略是 XACML 策略语言中的基本元素，是进行资源访问控制授权的前提和保障。策略的基本元素是规则，它是以访问控制资源或者属性为输入，访问决策结果为输出的函数。XACML 关于规则描述标准中包含 $target$、$condition$、$effect$ 等元素。$target$ 用来指定规则的参与实体以及动作，$condition$ 用来指定规则环境中存在的属性或资源的偏序关系，$effect$ 是策略授权结果 $Permite$ 或者 $Deny$。在 XACML 中对于 $target$ 中关于参与实体的语义描述相对来说比较薄弱，并未提供能够表达富语义信息的资源描述方法。为此，采用上文构建的本体模型对 $target$ 节点中的访问实体描述方法进行了扩展。通过实例对这种富语义的 XACML 规则扩展进行描述。

服务属性为博士生的用户 Alice 请求服务中心提供网上银行服务资源。PDP 在对 Alice 的服务属性进行判定后，PIP 根据网上银行服务属性对应的平台属性，对服务资源的平台安全属性集进行组装。PDP 对组装的平台安全属性集进行判定，最后返回给 Alice 访问授权结果。XACML 策略中存在一条对网上银行服务属性进行授权的规则，用来描述访问主体对网上银行资源进行访问的服务属性条件，规则 *Rule* 代码如下：

```
01 < RULE RULEID= "rule" EFFECT= "Permit">
02  < TARGET>
03     < SUBJECT>
04        < SUBJECTMATCH MATCHID= "urn:ourdomain:function:
05                        metadataQuery">
06           < ATTRIBUTEVALUE>
07              < RDF:STATEMENT rdf:ABOUT= "thisAccessSubject">
08                 < RDF:SUBJECT rdf:RESOURCE= "# DoctorStudent">
09                 < RDF:PREDICATE rdf:ACTION= "# subClassof">
10                 < RDF:OBJECT rdf:RESOURCE= "# UniversityStudent">
11              < /RDF:STATEMENT>
12           < /ATTRIBUTEVALUE>
13        < /SUBJECTMATCH>
14     < /SUBJECT>
15     < RESOURCE>
16        < SUBJECTMATCH MATCHID= "urn:ourdomain:function:
17                        metadataQuery">
18           < ATTRIBUTEVALUE NAME= "E- bank" TYPE= "# ServerAttribute"/>
19        < /SUBJECTMATCH>
20     < /RESOURCE>
21     < ACTIONS>
22        < ACTIONMATCH MATCHID= "function:string- equel">
23           < ATTRIBUTEVALUE DATATYPE= "# string"> access
24           < /ATTRIBUTEVALUE>
25           < ACTIONATTRIBUTEDESIGNATOR ATTRIBUTEID= "action- type"
26                                       DATATYPE= "# string"
27                                       />
28        < /ACTIONMATCH>
29     < /ACTIONS>
30  < /TARGET>
31 < /RULE>
```

在规则描述中的第 5 行给出了访问主体所具备的基本服务属性类型需要是大学生 *UniversityStudent*，17 行中访问客体为具有服务属性 *E - bank* 的服务资源。通过这个规则描述给出了对网银服务 *E - bank* 的授权条件是访问主体应该具有大学生属性 *UniversityStudent*。而对于访问主体的基本服务属性 *UniversityStudent* 存在子类关系 *DocterStudent* ⊑ *UniversityStudent*，表示博士生是大学生的一个子类。通过这样的语义表达，可以推理出博士生能够访问 *E - bank* 服务。对于某个来自于访问主体的访问请求 *Request* 来说，访问主体的名字属性值为 *Alice*，并且具备 *DoctorStudent* 的服务属性。访问对象为服务属性是 *E - bank* 的服务资源。具体代码如下：

```
01 < REQUEST>
02  < SUBJECT VALUE= "Alice" DATATYPE= "# STRING">
03      < ATTRIBUTE VALUE= "DoctorStudent"
04                      DATATYPE= "# ServerAttribute">
05      < /ATTRIBUTE>
06  < /SUBJECT>
07  < OBJECT VALUE= "E- bank" DATATYPE= "# ServerAttribute">
08  < /OBJECT>
09  < ACTION VALUE= "access" DATATYPE= "# Action">
10  < /ACTION>
11 < /REQUEST>
```

访问主体将访问请求 $Reuqest$ 发送给 PDP。PDP 根据规则 $Rule$ 中 Target 节点指定的访问主体属性，对访问主体服务属性进行匹配。规则中指定了服务属性 $UniversityStudent$ 包含子类 $DoctorStudent$，PDP 推导出具备服务属性值 $DoctorStudent$ 的访问主体 $Alice$ 能够访问 $E-bank$ 服务资源。PDP 将 $Response$ 反馈给访问主体，授权其访问 $E-bank$ 资源。

考虑用户请求网银服务 E-bank 访问授权过程，服务属性 E-bank 所需要具备的平台属性包括浏览器属性（Explorer）、安全控件属性（Security Component）和系统安全补丁属性（System Patch）三个子属性，这些属性与服务属性之间是从属关系（is-a）。以系统安全补丁属性为例，给出资源服务属性部分代码。

```
01 < RESOURCE>
02  < SUBJECTMATCH MATCHID= "urn:ourdomain:function:
03                      metadataQuery">
04      < ATTRIBUTEVALUE NAME= "E- bank" TYPE= "# ServerAttribute"/>
05          < RDF:STATMENT rdf:ABOUT= "SystemAttribute">
06              < RDF:SUBJECT rdf:RESOURCE= "# ServerAttribute"/>
07              < RDF:PREDICATE rdf:ACTION= "# is- a"/>
08              < RDF:OBJECT rdf:NODEID= "# Patch"/>
09          < /RDF:STATMENT>
10          < RDF:STATMENT rdf:NODEID= "Patch" rdf:
11                          ABOUT= "SystemAttribute">
12              < RDF:SUBJECT rdf:RESOURCE= "# WINDOWS"/>
13              < RDF:PREDICATE rdf:ACTION= "# hasValue"/>
14              < RDF:OBJECT>
15          < /RDF:STATMENT>
16          < RDF:STATMENT rdf:NODEID= "Patch" rdf:
17                          ABOUT= "SystemAttribute">
18              < RDF:SUBJECT rdf:RESOURCE= "# Linux"/>
19              < RDF:PREDICATE rdf:ACTION= "# hasValue"/>
20              < RDF:OBJECT rdf:DATATYPE = "# STRING"> patch- 2.6.26- rc9- git2
21                          < /RDF:OBJECT>
```

```
22          < /RDF:STATMENT>
23        < /ATTRIBUTEVALUE>
24     < /SUBJECTMATCH>
25  < /RESOURCE>
```

当用户提出网银服务请求时，访问对象将网银服务属性 E - bank 进行分解。根据 E - bank 所包含的平台子属性，PIP 对资源平台安全属性集进行组装。在实例中可以看到，PIP 组装的用于描述系统安全补丁的平台属性（Patch）包含了 Windows 和 Linux 的补丁集。如果要达到网银服务的安全需求，访问对象平台属性要求中的系统安全补丁子属性需要满足 KB921883 补丁包的更新。对于 Linux 系统来说，则需要 patch - 2.6.26 - rc9 - git2 的补丁包更新。

4.5 本 章 小 结

本章针对云服务资源特征信息描述特点，扩展了 XACML 规则描述语言。利用本体的共享领域知识描述方法，对云服务资源访问授权过程中的参与者进行建模。通过建立的本体模型对服务资源的实体信息和彼此之间的关系进行描述。采用富含语义的服务资源本体模型，对 XACML 授权规则中的访问主体和访问对象进行扩展。最后给出基于 RDF - S 富语义资源描述的 XACML 规则表达方法。

第 5 章

基于动态描述逻辑的细粒度规则推理

5.1 引　言

在开放和动态的云计算环境中，服务资源的调度和访问往往涉及多个组织和系统间的协作和组合。对于域间资源描述属性访问控制规则需要异域的决策机构进行维护和更新。这种跨域资源访问控制模式对资源属性描述结构和规则制定与验证提出了新的要求。一方面，资源属性的概念结构以及之间的关系可能存在知识共享、权限覆盖的情况；另一方面，域内资源可以随时组合和迁移，其访问控制规则授权和撤销为规则的管理增加了难度，资源授权规则之间产生冲突的可能性大大增加。虽然 XACML 架构本身为这种规则冲突问题提供了消解算法（如允许覆盖、拒绝覆盖、最先应用等），但是，这些消解算法只关注策略最终给出的判定结果，消解算法只是保证访问控制系统评估的可确定性，无论是对资源访问者还是安全规则的制定者都屏蔽了产生策略冲突的过程和原因。无法从资源属性结构和授权规则本身找到产生规则冲突的原因。

本章利用第 4 章描述的扩展 XACML 跨域授权访问控制框架，对异构域资源之间的细粒度规则推理进行了深入研究。首先，将构建的资源属性以及关系本体映射到动态描述逻辑语法和语义框架中。利用概念以及之间的关系描述资源属性所具有的层次结构，利用动作描述授权访问规则的前提条件和结果状态。其次，给出基于属性的细粒度访问控制推理模型，利用概念子模型、实例子模型和动作子模型表述跨域授权过程中的属性实例和授权规则，并把访问控制过程中的推理问题归结为 DDL 子模型可满足性问题。最后，在分析两种规则冲突问题产生原因的基础上，利用 DDL 推理机制对授权可满足问题进行验证，给出基于 Tableau 扩展规则的冲突检测算法。

5.2 问　题　描　述

基于本体的资源与关系描述使得云服务资源授权过程中知识推理成为可能。在安全域资源组合与敏感属性释放规则等方面，可以利用描述逻辑对 XACML（RDF）语言构建语义模型进行知识推理。通过验证模型一致性和可满足性，对策略冲突、组合等价性和可信任资源搜索进行推理和验证。首先给出在云服务资源组合和授权过程中的几个问题场景。

5.2.1 资源授权推理

在进行服务资源属性协商过程中，传统的自动信任协商机制通过逐步暴露属性证书的方式来获取对方的信息。这种方式在一定程度上保护了敏感属性的安全性，但是由于没有语义推理能力，增加了一些不必要的通信开销。比如，Alice 向 Bob 申请资源访问，需要获得 Bob 的信任授权。Bob 具有 p_1：$Bob.trust \leftarrow Bob.friends$ 和 p_2：$Bob.friends \leftarrow Alice$ 两个规则描述。协商过程如下：

（1）Alice 发送访问请求 $Request$，Bob 根据 p_1 返回询问响应？$Bob.trust \leftarrow Bob.friends$。

（2）Alice 根据要求发送验证请求？$Bob.friends \leftarrow Alice$，Bob 经过 p_2 规则后发送提交身份验证请求 $Bob.friends \leftarrow Alice$。

（3）Alice 发送身份属性证书，Bob 验证后返回授权给 Alice $Bob.trust \leftarrow Alice$。

协商过程需要多次的请求与验证，通过本体语义的资源描述，可以采用授权推理方法进行属性协商过程的优化。

5.2.2　规则冲突检测

XACML 架构中给出了规则组合算法，通过肯定覆盖、否定覆盖等算法来实现重复授权规则的选取。虽然 XACML 标准中给出了一些规则冲突和消解方法，主要是从授权结果角度避免策略冲突对授权过程的影响，但是没有从规则描述和属性结构角度分析和避免造成冲突的原因，缺乏推理验证能力。XACML 提出的规则组合算法屏蔽了产生规则冲突的属性和规则深层原因，忽略了规则彼此间的关系和属性层次结构对规则冲突造成的影响。利用描述逻辑推理能力，在授权判定之前对规则冲突进行检测和消解，可以使域内安全管理人员及时发现冲突规则，查找原因并进行规则精简。

5.3　基于 DDL 的资源描述与授权推理

云服务资源属性的富语义本体描述为资源之间的授权推理提供了可能。通过对资源属性本体语言映射到动态描述逻辑语言环境，利用 DDL 推理机制能够对资源授权过程进行形式化验证。

5.3.1　资源授权 DDL

5.3.1.1　资源授权动作语法

定义 5.1　资源描述模型（RESOURCE）：一个完整的资源描述模型由一个四元组构成，$RESOURCE = \langle \Delta, I, W, A \rangle$。其中 Δ 是一个具有公理系统的领域；解释 $I = (\Delta^I, \cdot^I)$ 表示是原子属性概念到领域的映射；世界 W 是资源的动态维定义，是由解释构成的世界空间；A 是资源在多个世界空间的可能动作。

资源描述模型中包含了资源的静态领域描述，在此基础上引入动态维描述方式，利用世界空间和动作来表述资源动态性。资源在不同世界空间中具有不同的领域解释，比如对于某个世界 W 的解释 $I(w) = \{\Delta^{I(w)}, \cdot^{I(w)}\}$，用来描述在世界 w 内资源所处的状态。动作 $A \subseteq W \times W$，是用来表示资源在世界空间可能发生的动作，动作的发生取决于资源的领域解释。

定义 5.2　属性概念（Attribute Concept，A）：如果存在某个世界空间 w 的原子属性

概念 $A_0 \in \Delta^I(w)$，则利用概念构造子（$\sqcap$，$\sqcup$，$\neg$）构造的复杂属性概念 $A_n(n \in \mathbb{N})$ 也是属性。

定义 5.3　属性关系概念（Attribute Relation，R）： 属性关系是建立在属性之间的二元组 $R = \langle A_i, A_j \rangle$，其中 $R \in \Delta^{I(w)} \times \Delta^{I(w)}$。属性关系可以利用复杂构造子（$\sqcap$，$\sqcup$，$\neg$）进行扩展定义，还可以通过量词限制和基数限制（$\forall R.A$，$\exists R.A$，$\leqslant nA$）等扩展复杂关系。

定义 5.4　公式（Formular，F）： 对于某个属性 A 和属性关系 R，变元 x，y 和常元 a，b，动作 α 存在如下表达式：

（1）$A(a), A(b), [\alpha]A(a), R\langle a,b \rangle$ 为断言公式。

（2）$A(x), A(x), [\alpha]A(x), R\langle x,y \rangle$ 为一般公式。

（3）断言公式和一般公式都是公式。

（4）如果 ϕ 和 φ 是公式，则利用构造子 $\sqcap$，$\sqcup$，$\neg$，$\forall$，$\exists$ 构造的表达式也是公式。

（5）如果 ϕ 是公式，则 $[\alpha]\phi$ 也是公式，α 为动作。

定义 5.5　前提（Premises，Pre）： $Pre = \{F, (F, = | \neq)\}$，前提是一个动作开始的条件，由公式和公式判定算子组成。

定义 5.6　状态（Status，S）： $S^{I(w)} = \{A^{I(w)} \bigcup R^{I(w)}\}$，状态是观察当前世界的窗口，由当前世界解释 \$ $I(w)$ \$ 的属性和关系集构成。

定义 5.7　原子授权动作（Atom Permit Action，α）： $\alpha = (P_A, E_A)$，其中，$P_A \subseteq Pre$ 是授权动作发生所需要具备的前提条件，E_A 是由 $\{S_u, S_v\}$ 组成的结果公式集，$S_u \in I(w_1)$ 和 $S_v \in I(w_2)$ 表示在世界空间 ω_1 和 ω_2 的状态。α 表示在满足授权条件的前提下，属性和关系集发生的变化。

定义 5.8　复合授权动作（Permit Action，PA）： $\alpha = (P_A, E_A)$，$PA = \{\beta, \gamma :: = \alpha | \phi? | \beta; \gamma | \beta \bigcup \gamma | \beta^*\}$ 其中，α 为原子授权动作，ϕ 为公式。通过动作复杂构造子，可以将原子授权动作进行扩展。

5.3.1.2　授权动作语义

原子动作和由原子动作构成的复合动作描述都是 ActBOX 中的元素，对于每个动作来说，在前提公式集中的每个原子动作最多在动作定义式左边出现一次。对资源和属性的授权操作可以转化为动作前提条件是否满足。前提条件由属性构成的公式集组成，包含了当前世界所有能够提供给授权操作的属性和属性公式。根据以上对动作的语法描述，接下来对授权动作的语义进行阐述。

定义 5.9　授权操作模型（Permission Semantics Model，M）： 授权过程模型描述为 $M = \{W, \sum, \Delta_M, I\}$

（1）W 是所有可能世界构成的状态领域。

（2）$\sum = (W)^{\cdot T}$ 表示对于动作常元 α_i，通过 $^{\cdot T}$，在世界 W 中的存在二元关系 $\alpha_i^T \in W \times W$ 是其映射。

（3）Δ_M 是由资源和属性实例组成的非空集合构成的领域。

（4）I 是在世界 M 内的空间 v 的解释，$I_v = (\Delta_M, \cdot^{I(v)})$。

在模型 M 中所包含的元素中，Δ_M 代表了参与授权的资源或者属性的实例，这些实例构成了授权动作的前提词汇，也是授权操作模型的输入。Σ 把这些输入转换为动作的条件常元，作为动作的前提公式。通过对于公式语义分析将在建立世界间的变迁 a_i^T。授权操作输出产生世界领域的新状态解释，利用 $I(v)$ 来表示。直观上来说，授权操作相当于在世界状态空间 W 内，利用条件常元 a_i 组成的公式作为前提，完成从状态解释 $I(w)$ 到 $I(v)$ 的状态变迁。

定义 5.10　前提公式语义（Formular Semantics，$\vDash F$）：对于授权操作模型（M 内任意一个世界空间 w 满足公式 F，表示为（M,w）$\vDash F$，语义定义如下：

(1)（M,w）$\vDash A(a)$，当且仅当 w 中存在解释 $I(w) \vDash A(a)$。

(2)（M,w）$\vDash \phi \wedge \varphi$，当且仅当（$M,w$）$\vDash \phi$ 并且 $M,w \vDash \varphi$。

(3)（M,w）$\vDash \phi \vee \varphi$，当且仅当（M,w）$\vDash \phi$ 并且 $M,w \vDash \varphi$。

(4)（M,w）$\vDash \neg \phi$，当且仅当（M,w）$\vDash \phi$ 不成立。

(5)（M,w）$\vDash \exists [\alpha] \phi$，当且仅当在世界 W 中存在一个空间解释 $I(v)$，使得 $\alpha^T \in (w,v)$ 并且有（M,v）$\vDash \phi$。

(6)（M,w）$\vDash \forall [\alpha] \phi$，当且仅当对于世界 W 中的所有世界都有空间解释 $I(v)$，使得 $\alpha^T \in (w,v)$ 并且有（M,v）$\vDash \phi$。

(7)（M,w）$\vDash \phi = \varphi$，当且仅当世界 W 中存在空间 v，使得 $\phi^I(w) = \varphi^I(v)$。

(8)（M,w）$\vDash \phi \neq \varphi$，当且仅当世界 W 中存在空间 v，使得 $\phi^I(w) \neq \varphi^I(v)$。

定义 5.11　授权动作语义（Permit Action Semantics，$\to F^s$）：对于空间 w 内的状态赋值 $s \in I(w)$，使得 $\langle w,v \rangle, v \in I(v) | (M,w) \vDash F$，表示为 $w \to F^s v$。

(1) $\alpha ; \beta = \langle u,v \rangle | u,v,w \in W, u \to_\phi^s \wedge v \to_\varphi^s w$。

(2) $\alpha \bigcup \beta = \langle u,v \rangle | u,v \in W, u \to_\phi^s v \vee u \to_\varphi^s v$。

(3) $\alpha^* = \langle u,v \rangle | u,v \in W, u \to_\phi^s v \vee u \to_{[\alpha]\phi}^s v \vee u \to_{[\alpha][\alpha]\phi}^s v \vee \cdots$。

(4) $\alpha ? = \langle u,v \rangle | u \in W,(M,u) \vDash \phi$。

5.3.2　基于属性的细粒度访问控制模型

5.3.2.1　属性访问控制建模

属性访问控制建模主要针对 TBOX、ABOX 和 ActBOX 知识的描述，包括三个部分的模型：概念解释子模型、实例解释子模型和动作解释子模型。TBOX 知识利用公理系统把描述了本体资源的概念结构，利用这种结构化知识可以对属性所表达的继承和包含语义进行描述。ABOX 知识主要是为了验证实例属性的概念蕴含关系是否一致。ActBOX 中的知识主要描述了对资源进行授权的所需要满足的条件以及所满足的公式集和结果集。在 ActBOX 中又根据动作的描述类型分为原子授权动作、组合授权动作和传递授权动作。基于属性的细粒度访问控制模型如图 5.1 所示。

1. 概念子模型

TBOX 中的概念知识具有层次结构化的特征，这些知识是对资源实例集完整性判定的基本依据。下面给出概念子模型的定义。

定义 5.12　概念解释子模型（Concept Submodel，$M_{Concept}$）：对于知识库 KB 中的 TBOX **T**，存在一个概念解释子模型 $M_{Concept}$，记作 $M_{Concept}(A_1, A_2, \cdots) \vDash$ **T**。

(1) 当且仅当对于 **T** 中任一概念包含公理 $A \equiv A'$，在世界 W 内任一空间 w 都有解释

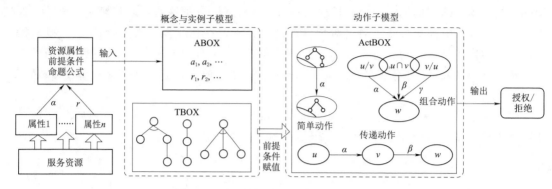

图 5.1　基于属性的细粒度访问控制模型

$I(w)$ 满足 $A^{I(w)} \equiv A'^{I(w)}$。

（2）当且仅当对于 **T** 中任一关系包含公理 $R \sqsubseteq R'$，在世界 W 内任一空间 w 都有解释 $I(w)$ 满足 $R^{I(w)} \subseteq R'^{I(w)}$。

概念解释子模型的主要作用是根据 TBOX 中对概念知识的描述来判断概念实例是否符合结构化描述。比如，对于给定本体资源概念结构 $DoctorStudent \sqcap Teacher \sqsubseteq Researcher$，表示在读博士生 $DoctorStudent$ 同时也是研究人员。概念解释子模型也可以通过一致性验证来解决对资源属性描述不一致的问题。

2. 实例子模型

ABOX 中的资源实例是根据本体资源模型形式化的资源描述，是资源所具有的基本信息。这些实例是进行构成授权动作可执行性判断的基本元素。因此需要对实例的概念模型可满足性进行验证。实例解释子模型定义如下。

定义 5.13　实例解释子模型（Instance Submodel，$M_{Instance}$）：对于知识库 KB 中的 ABOX **A** 和 TBOX **T**，存在实例解释子模型 $M_{Instance}$，记作 $M_{Instance}(a_1, a_2, \cdots) \vdash \mathbf{T}$，当且仅当 $a_1 \in A$，$I(A)$ 是满足 **T** 中的一个解释子模型 $M_{Instance}$。

实例解释子模型通过在 TBOX 和 ABOX 之间验证实例的可满足性，对实例的知识结构进行描述。比如：对于上例中的资源概念结构，存在资源实例描述 $Doctor(Alice)$ 在 TBOX 中能够找到满足概念结构描述的实例扩展 $Researcher(Alice)$。

定义 5.14　动作解释子模型（Action Submodel，M_{Action}）：根据 ActBOX **ACT** 中的授权策略规则，存在前提公式集 F 的一个赋值 γ^F，使得实例子模型 $M_{Instance_P}$ 满足动作 $\alpha = (F, M_{Instance_P}/M_{Instance_E})$ 的前提条件，变迁结果为另一个实例子模型 $M_{Instance_E}$。记作 $M_{Action}(\alpha, \beta, \cdots) \vdash \exists \gamma^F, M_{Instance_P} \to_a^\gamma M_{Instance_E}$。

授权动作子模型是实现细粒度访问控制授权的主要抽象描述，对于每个授权动作都可以形式化地描述为利用一个公式集的赋值实现的实例子模型间的变迁。通过动作子模型的构造，可以利用 ABOX 中的实例集对动作模型进行赋值，判断动作的可执行性，进而使得资源是否能够实现授权访问。对于授权动作来说，在推理引擎中的表现形式可以分为以下几种类型：

（1）原子授权动作。原子授权动作是最基本的授权操作，通过一个满足公式集的赋值完成实例模型的变迁，从而产生另一个实例模型。比如：$DoctorStudent(Alice)$ 对资源

$SimuSoft$ 的访问授权过程，授权动作可以描述为 $M^u_{Alice} \xrightarrow{DoctorStudent(Alice)}_a M^v_{SimuSoft}$。

（2）组合授权动作。组合授权动作描述的是在前提状态存在多个可满足的公式集情况下，能够发生前提状态到结果状态的变迁。在 XACML 策略定义中有多个规则同时对资源进行授权的定义，利用组合算法能够决定指定规则作为资源授权动作。本书利用知识库中的规则描述和实例模型，通过已掌握的实例与可用的规则选择合适授权动作。比如，对于上例中的资源 $SimuSoft$，存在 3 种动作模型 $Researcher \xrightarrow{MInstance1}_a SimuSoft$，$Reacher \xrightarrow{MInstance2}_a SimuSoft$ 和 $Student \xrightarrow{MInstance2}_a SimuSoft$，分别表示研究人员、教师能够访问资源，而学生没有访问资源的权限（拒绝访问动作用 α^- 表示）。ABOX A 中可能包含不同的实例 $DoctorStudent(Alice)$，$Researcher(Bob)$，$hasTeahcer\langle Alice, Bob \rangle$。这种实例和动作模型结构会出现授权冲突的情况，在 5.4 节将会重点讨论。

（3）传递授权动作。传递授权动作主要是用来描述资源属性的链式授权。通过满足动作前提条件公式集的判断，能够发现一个可能到达的结果状态。以该结果状态作为前提的动作能够完成对资源的授权。比如：上例中的存在动作模型 $Teacher \xrightarrow{MInstance1}_a Researcher$ 和 $Researcher \xrightarrow{MInstance2}_a SimuSoft$，实例集 $Teacher(Alice)$ 能够通过这种传递授权动作完成对资源的操作。

5.3.2.2 授权模型推理

利用知识库 KB 中的 $TBOX$、$ABOX$ 以及 $ActBOX$ 表示资源访问控制过程中的授权模型，推理引擎能够对建立的授权模型进行推理。在授权过程中的推理任务主要包括概念实例的一致性，授权访问动作的可实现性和动作间的包含关系验证。对该概念实例一致性验证保证每个 $ABOX$ 中的实例都是满足概念知识结构的属性和属性关系。利用动作可实现性推理，推理引擎可以对资源的授权操作进行判定。动作间的包含关系能够判断资源间授权动作的偏序关系，减少冗余的授权规则。

1. 概念实例一致性

概念实例一致性推理问题主要针对静态场景中的 $ABOX$ 和 $TBOX$ 的实例和概念断言进行判定。其中包含 $TBOX$ 中概念的可满足性问题，$ABOX$ 中的实例在 $TBOX$ 约束下实例检测与一致性判定。

定义 5.15 概念可满足性（Concept Satisfiability）：如果说概念子模型 $M_{Concept}$ 中的任一概念 A 是可满足的，那么 A 在模型中存在解释 $I^{MConcept} \neq \varnothing$。

定义 5.16 实例检测（Instance Checking）：对于实例子模型 $M_{Instance}$，ABOX $\mathbf{A}$ 中存在实例个体 $C(a)$ 关于模型的解释 $I^{MInstance} \neq \varnothing$。

定义 5.17 实例一致性（Instance Consistency）：对于实例子模型 $M_{Instance}$，ABOX $\mathbf{A}$ 中存在实例个体 $C(a)$，$C \in TBOX\ \mathbf{T}$，记作 $A^{I(\mathbf{T})} \vDash C(a)$。

对于给定的实例 ABOX $\mathbf{A}$ 来说，首先应该满足实例检测要求，存在与之匹配的概念。其次，在概念子模型中相对于 TBOX 的解释，使得概念是可满足的。通过上述步骤检测 ABOX 中是否与 TBOX 中的概念定义存在冲突，可以检测实例的一致性问题。

2. 可实现性

授权动作可实现性是访问控制过程中的动态场景推理，在原子授权动作可实现性基础上可以通过动作语义扩展复杂动作定义。

定义 5.18　授权动作可实现性（Permit Action Releasable）：原子授权动作 α，若给定初始的 $ABOX$ **A** 描述和 $TBOX$ **T** 存在实例子模型 $M_{Instance} \sqsubseteq I(u) = (\Delta, \cdot^{I(u)})$ 以及概念子模型 $M_{Concept} \sqsubseteq I(v) = (\Delta, \cdot^{I(v)})$，满足 $u \xrightarrow[F]{M_{Instance}} v$，称原子授权动作 α 是可实现的，记作 $\mathrm{Rel}^{\mathrm{T}}_{I(u)}(\alpha)$。

原子授权动作的可实现性包括前提条件公式的可满足性和 ABOX 中的实例的一致性。对于解释 $I(u)$ 中的 $ABOX$ 实例，能够通过实例一致性检测来判定。解释 $I(v)$ 中的概念可以通过 $TBOX$ 中的概念一致性检测来判定。这样，直观上可以确定授权动作的前提和后果不存在不一致的情况。对于复杂的组合授权动作和传递授权动作的可实现性可以用下面的描述。组合授权动作 $PA = \alpha \mid \beta \mid \cdots$ 可实现性表示为 $\mathrm{Rel}^{\mathrm{T}}_{I(w)}(PA) \Rightarrow \mathrm{Rel}^{\mathrm{T}}_{I(u)}(\alpha) \vee \mathrm{Rel}^{\mathrm{T}}_{I(u')}(\beta) \vee \cdots$；传递动作 $PA = \alpha ; \beta ; \cdots$ 可实现性表示为 $\mathrm{Rel}^{\mathrm{T}}_{I(w)}(PA) \Rightarrow \mathrm{Rel}^{\mathrm{T}}_{I(u)}(\alpha) \wedge \mathrm{Rel}^{\mathrm{T}}_{I(v)}(\beta) \wedge \cdots$。

3. 可满足性

授权动作的可满足性问题主要针对动作前提条件公式集的可满足性进行判断。根据给定的 $TBOX$、$ABOX$ 和 $ActBOX$ 验证当前公式集中的公式是否是可满足的。

定义 5.19　授权动作可满足性（Permit Action Satisfiability）：对于给定的 $TBOX$ **T**、$ABOX$ **A** 和 $ActBOX$ **ACT** 来说，存在前提条件公式或公式集 F 的动作 α，称 α 是可满足的：以公式 F 为前提条件的原子动作在 **T** 和 **A** 是可实现的；存在任一可能世界 w，使得 $(M, w) \vDash F$。

5.3.3　基于描述逻辑的本体模型

为了更好地对第 4 章构建的基于本体的 XACML 框架模型进行规则推理和资源验证，需要将此前定义的本体模型映射到满足描述逻辑语法的知识领域中。下面从静态概念和动态规则对本体模型进行描述逻辑映射阐述。

5.3.3.1　资源本体映射

描述逻辑的概念和关系对采用 XACML(RDF)-DL 描述的资源本体模型具有良好的语法和语义支持。对于资源本体中的类与联系，描述逻辑中利用概念和关系来表述。对于特性上的约束与限制，利用描述逻辑约束算子来表达。资源本体中的特性可以利用描述逻辑的公理系统给出特性的语义表达。

（1）类与概念。在描述逻辑中，概念表达的是一个领域中的有限子集。而本体模型中的类表达是具有相同属性的资源集合。类具有抽象性，它将具有相同属性描述的个体通过抽象的方式包含在一个类中。在具有类属性特点的领域中构造了一个子集。因此，可以把本体模型中的类表述为描述逻辑中的概念。

（2）实例与个体。在本体模型中，实例是类的一个具体化形式。实例是将类的抽象定义具体化，一个实例唯一地表示具有实际意义的一种资源个体。描述逻辑中的个体适合表达这种具有实际意义的功能单元。

（3）特性与关系。本体模型中的特性是用来表达资源之间关系的定义，通过特性的定义可以表达本体之间的语义描述。对于特性的描述逻辑映射，从语法上特性是一种二元关系，而从语义上包含了描述逻辑公理。比如 $A_1 hasSubattribute A_2$ 特性，从语法上的描述逻辑表述是 $\langle A_1, A_2 \rangle$，而同时又表达了两个属性之间具有包含关系 $A_2 \sqsubseteq A_1$。

（4）特性与构造子。对于本体模型中的特性，除了映射为公理，还包含其他映射。对于表达逻辑关系的特性（unionOf、intersectionOf 等）可以映射为描述逻辑的复杂结构构造子（⊔，⊓）。

（5）约束与限制。对于 XACML(RDF) 定义的本体模型，包含了量词约束、值约束和基数约束等保证模型推理能力的语法限制。这些约束表达可以用描述逻辑语言描述。比如，对于全称量词约束（allValuesFrom），利用全称构造子 ∀ 描述。

5.3.3.2 策略规则映射

在本体模型中，策略规则的描述是用来对资源进行访问授权的关键。资源的属性和特性在一个虚拟组织域中是相对固定的，根据不同的规则和策略自动地组合管理安全域。我们采用描述逻辑的扩展形式 DDL 对规则进行语法和语义的表达。在规则的本体描述中，包含了主体 Subject、资源 Resource、效果 Effect 和操作 Action 等。其中，控制规则对资源进行操作的主要是主体和资源。在 XACML 框架中，这两个元素的构成采用属性描述的方式，不同的属性组合方式描述了不同的主体和资源。因此，我们可以利用 DDL 中的公式对属性的语义来进行表达。

（1）属性与公式。主体和资源的属性结构具有一定的语义，比如，释放资源 r_1 所需要满足的属性是需要具有 a_1 和 a_2 或者具有 a_3。对于这样的语义表达可以利用公式 $(a_1 \wedge a_2) \vee a_3$ 来表达。

（2）操作与动作。操作 Action 是用来表示当满足资源授权操作时，主体对资源进行的动作。可以直接映射到 DDL 中的动作 $A(x)$。

（3）效果与动作。本体模型中的效果是一个布尔常量，表示利用规则对资源授权操作的结果。在 DDL 中相当于对条件的判定过程 ⊢，如果具有的公式集满足规则定义的属性描述公式集，则返回 True。

（4）动作构造子。DDL 中还包含了复杂动作定义的构造子（; ，⋃，∗），这些构造子可以用来说明多个规则构成的策略或者策略结合。

5.3.4 基于本体模型的描述逻辑推理方法

基于 DDL 构造的本体推理知识库为用来描述资源安全属性和授权策略的本体模型提供了形式化的语法和语义描述。这些知识包括了本体领域概念知识，规则授权动作和状态知识。资源具有相对固定的属性结构，这些描述资源的属性属于静态领域知识。在知识库中它对应于 DDL 的概念，也是进行动作知识表述的词汇来源。对于授权策略本体模型的原子描述是规则，利用 DDL 中的动作来对其进行知识表示。基于本体模型的动态描述逻辑知识库整体结构如图 5.2 所示。

本体模型的描述逻辑推理方法从推理情景上可以分为三种，第一种推理情景是对本体领域知识进行的概念推理。在这个阶段推理主要是依靠概念模型对本体模型所描述的资源进行一致性验证，以保障本体模型不会出现资源属性描述冲突。比如：对于此前的概念关系描述中有 $Doctor \sqsubseteq Student$，表示大学学生与博士生是包含关系，而存在一种博士生的描述是 $onJobDoctor \equiv \exists hasContainDoctor \sqcap \forall hasContain \neg Student$。这种学生间的包含关系在这种解释下是不可满足的。第二种推理情景是实例推理场景，主要是针对具体推理任务构建的本体实例来判定其为概念描述中的一个解释。对于实例推理主要是判断在本体

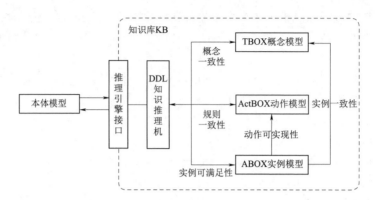

图 5.2　基于本体模型的动态描述逻辑知识库

实例是否存在一个模型能够描述给定的概念和关系。比如，对于博士生 Alice 来说，存在一个实例描述 $Doctor(Alice)$，通过领域知识关于 Student 的描述判断 Alice 是否为 Student 概念的一个实例。第三种推理情景是动作推理场景。动作推理需要以具体的实例为基础。动作描述通过替换变元的方式，将本体实例表述的请求主体属性表示为前提公式。利用动作推理验证动作可执行性和动作之间的一致性问题。比如，Alice 是博士生 $Doctor(Alice)$ 同时也是研究人员 $Researcher(Alice)$，存在动作描述 $simuPermit(Alice, simuSoft) = (\{Doctor(Alice)\}, \{hasPermission(Alice, simuSoft)\})$，用来表示博士生 Alice 能够通过 simuPermit 动作获得 simuSoft 资源的授权许可。

5.4　授权规则冲突检测

XACML 资源授权框架中的策略规则效果元素包含两种类型赋值：肯定授权（Permit）和否定授权（Deny）。肯定授权允许主体获取资源访问权限，否定授权则拒绝访问请求。对于某一资源的访问请求，有可能产生不同的授权结果，出现规则授权冲突。为了解决这个问题，XACML 也提供了用于消解这种冲突的合并算法，包括允许覆盖（permit - override）、拒绝覆盖（deny - override）、首次适用（first - applicable）等。这些算法从结果上消除了冲突规则对授权判定的影响，但是，对于产生规则冲突的资源属性结构以及授权过程缺乏分析与研究。为此，本节从属性概念层次继承、授权动作传递两方面对授权冲突产生的原因进行分析，利用 5.3.2.1 小节构建的基于动态描述逻辑的细粒度资源访问控制模型，从静态属性层次结构和动态传递授权过程对授权冲突进行检测。

5.4.1　概念继承层次冲突检测

访问主体和资源的细粒度属性描述结构具有层次性，层次间的属性概念具有蕴含关系。比如研究人员概念（$Researcher$）和博士研究生概念（$DoctorStudent$）之间存在属性蕴含关系，博士研究生具有研究人员对资源的访问权限。对于访问主体实例 $Researcher(Alice)$ 和 $DoctorStudent(Alice)$ 存在对于某一资源 $SimuSoft(Res)$ 的授权规则，描述为授权动作子模型 $M_{Act_1}(Researcher(Alice)) \vdash Researcher \rightarrow_{\alpha^+}^{Researcher(Alice)}$ $SimuSoft$ 和 $M_{Act_2}(DoctorStudent(Alice)) \vdash DoctorStudent \rightarrow_{\alpha^-}^{DoctorStudent(Alice)} SimuSoft$。而

在属性概念结构中存在概念蕴含公理 $DoctorStudent \sqsubseteq Researcher$，对于主体属性实例 $DoctorStudent(Alice)$ 继承了 $Researcher$ 对资源的访问权限。属性的概念层次结构与规则授权动作存在冲突 $Confict_{MAct_1}^{MAct_2}$。

5.4.1.1 规则冲突类型

策略规则授权效果 $effect$ 访问主体与资源之间的 $Permit$ 授权和 $Deny$ 授权。对于访问主体的属性来说，可能由于存在蕴含关系的概念实例而引起规则冲突。同样的，对于资源属性来说，也可能由于概念蕴含关系而发生规则冲突。对于这些规则冲突进行分类可以得到图 5.3。

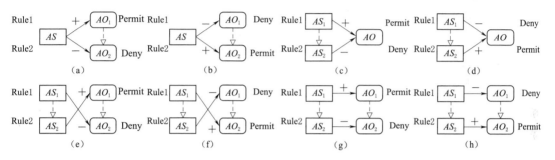

图 5.3　分层属性授权规则冲突分析

AS 表示访问主体属性，AO 表示资源属性，利用空心箭头符号表示属性概念之间的蕴含和继承关系。对于主体属性来说，下层属性继承上层属性的权限。对于资源属性来说，下层是上层属性的细粒度表述。图中根据访问主体、资源的概念蕴含关系和资源属性粒度，按照 $Permit$ 和 $Deny$ 授权要求，把由于概念层次结构导致的规则授权方式划分为图 5.3 中的（a）～（h）8 种类型，下面对这些类型可能存在的规则冲突进行分析。利用动作子模型 M_{Act_1} 和 M_{Act_2} 表示 $Rule1$ 和 $Rule2$。

图 5.3 中类型（a）$M_{Act_1} \vDash AS \rightarrow_{\alpha+}^{\gamma} AO_1$，$M_{Act_2} \vDash AS \rightarrow_{\alpha-}^{\gamma} AO_2$

$$\left. \begin{array}{l} M_{Act_1} \nRightarrow M'_{Act_1} \vDash AS \rightarrow_{\alpha+}^{\gamma} AO_2 \\ M_{Act_2} \vDash AS \rightarrow_{\alpha-}^{\gamma} AO_2 \end{array} \right\} \nRightarrow Confict_{MAct_1}^{MAct_2}$$

图 5.3 中类型（b）$M_{Act_1} \vDash AS \rightarrow_{\alpha-}^{\gamma} AO_1$，$M_{Act_2} \vDash AS \rightarrow_{\alpha+}^{\gamma} AO_2$

$$\left. \begin{array}{l} M_{Act_1} \Rightarrow M'_{Act_1} \vDash AS \rightarrow_{\alpha-}^{\gamma} AO_2 \\ M_{Act_2} \vDash AS \rightarrow_{\alpha+}^{\gamma} AO_2 \end{array} \right\} \Rightarrow Confict_{MAct_1}^{MAct_2}$$

类型（a）和类型（b）描述相同访问主体对具有层次关系的资源授权过程。AS 对资源的粗粒度属性 AO_1 进行肯定授权，而对于更细粒度的资源属性描述 AO_2 无法继承肯定授权，即不存在动作子模型解释 M'_{Act_1} 使其满足对 AO_2 的肯定授权。因此两个授权规则动作不会发生冲突。

如果对粗粒度资源属性进行否定授权，则可以推导出下层更细粒度资源属性必然继承这种否定授权，即存在动作子模型解释 M'_{Act_1} 对细粒度属性 AO_2 进行否定授权。因此存在授权规则冲突。

图 5.3 中类型（c）$M_{Act_1} \vDash AS \rightarrow_{\alpha+}^{\gamma} AO$，$M_{Act_2} \vDash AS_2 \rightarrow_{\alpha-}^{\gamma} AO$

$$\left.\begin{array}{l} M_{Act_1} \Rightarrow M'_{Act_1} \vDash AS_2 \to_{\alpha+}^{\gamma} AO \\ M_{Act_2} \vDash AS_2 \to_{\alpha-}^{\gamma} AO \end{array}\right\} \Rightarrow Confict_{M_{Act_1}}^{M_{Act_2}}$$

图 5.3 中类型 （d） $M_{Act_1} \vDash AS_1 \to_{\alpha-}^{\gamma} AO$, $M_{Act_2} \vDash AS_2 \to_{\alpha+}^{\gamma} AO$

$$\left.\begin{array}{l} M_{Act_1} \Rightarrow M'_{Act_1} \vDash AS_2 \to_{\alpha-}^{\gamma} AO \\ M_{Act_2} \vDash AS_2 \to_{\alpha+}^{\gamma} AO \end{array}\right\} \Rightarrow Confict_{M_{Act_1}}^{M_{Act_2}}$$

类型 （c） 和类型 （d） 是具有蕴含关系的主体属性对资源的授权过程。AS_1 对资源 AO 的肯定授权能够传递给其子属性 AS_2 ，从而有动作子模型解释 M'_{Act_1} 使得 AS_2 能够对 AO 进行访问。而这与另一个规则 M_{Act_2} 的否定授权存在冲突。

类型 （d） 和类型 （c） 相似，由于主体资源属性的授权继承造成，AS_1 对 AO 的否定授权同样可以推出 AS_2 的否定授权，存在动作子模型解释 M'_{Act_1} 满足 AS_2 对 AO 的否定授权访问。而这与 M_{Act_2} 的肯定授权存在冲突。

图 5.3 中类型 （e） $M_{Act_1} \vDash AS_1 \to_{\alpha-}^{\gamma} AO_2$, $M_{Act_2} \vDash AS_2 \to_{\alpha+}^{\gamma} AO_1$

$$\left.\begin{array}{l} M_{Act_1} \Rightarrow M'_{Act_1} \vDash AS_2 \to_{\alpha-}^{\gamma} AO_2 \\ M_{Act_2} \nRightarrow M'_{Act_2} \vDash AS_2 \to_{\alpha+}^{\gamma} AO_2 \end{array}\right\} \nRightarrow Confict_{M_{Act_1}}^{M_{Act_2}}$$

结合 （a）~（d） 四种基本的原子层次属性授权规则类型，考虑复杂情形。类型 （e） 描述的是层次化的访问主体与资源进行交叉授权的过程。访问主体属性可以根据蕴含关系继承上层属性授权效果，因此存在 M'_{Act_1} 使得 AS_2 能够对 AO_2 进行否定授权。但是，由于资源粗粒度属性进行的肯定授权无法传递给下层更细粒度属性，因此不存在 M'_{Act_2} 用以描述对 AO_2 的肯定授权。因此，两条规则不会产生冲突。

图 5.3 中类型 （f） $M_{Act_1} \vDash AS_1 \to_{\alpha+}^{\gamma} AO_2$, $M_{Act_2} \vDash AS_2 \to_{\alpha-}^{\gamma} AO_1$

$$\left.\begin{array}{l} M_{Act_1} \Rightarrow M'_{Act_1} \vDash AS_2 \to_{\alpha+}^{\gamma} AO_2 \\ M_{Act_2} \Rightarrow M'_{Act_2} \vDash AS_2 \to_{\alpha-}^{\gamma} AO_2 \end{array}\right\} \Rightarrow Confict_{M_{Act_1}}^{M_{Act_2}}$$

类型 （f） 的交叉授权过程与类型 （e） 的效果相反。访问主体属性蕴含关系可以把肯定授权传递给子属性 AS_2 ，存在 M'_{Act_1} 使得 AS_2 能够对 AO_2 进行肯定授权。而对资源粗粒度属性 AO_1 的否定授权同样也可以传递给更细粒度下层资源属性 AO_2 ，存在 M'_{Act_2} 使得 AS_2 能够对 AO_2 进行否定授权。因此会产生冲突。

图 5.3 中类型 （g） $M_{Act_1} \vDash AS_1 \to_{\alpha+}^{\gamma} AO_1$, $M_{Act_2} \vDash AS_2 \to_{\alpha-}^{\gamma} AO_2$

$$\left.\begin{array}{l} M_{Act_1} \Rightarrow M'_{Act_1} \vDash AS_2 \to_{\alpha+}^{\gamma} AO_1 \\ M_{Act_2} \vDash AS_2 \to_{\alpha-}^{\gamma} AO_2 \end{array}\right\} \Rightarrow Confict_{M_{Act_1}}^{M_{Act_2}}$$

图 5.3 中类型 （h） $M_{Act_1} \vDash AS_1 \to_{\alpha-}^{\gamma} AO_1$, $M_{Act_2} \vDash AS_2 \to_{\alpha+}^{\gamma} AO_2$

$$\left.\begin{array}{l} M_{Act_1} \Rightarrow M'_{Act_1} \vDash AS_2 \to_{\alpha-}^{\gamma} AO_1 \\ M_{Act_2} \vDash AS_2 \to_{\alpha+}^{\gamma} AO_2 \end{array}\right\} \Rightarrow Confict_{M_{Act_1}}^{M_{Act_2}}$$

类型 （g）、类型 （h） 是两种平行授权过程。类型 （g） 描述了同为上层属性的主体和资源之间的不同效果授权过程。访问主体属性 AS_1 通过蕴含关系将肯定授权传递给下层子属性 AS_2 ，存在 M'_{Act_1} 使得 AS_2 能够对 AO_1 进行肯定授权。而对于授权动作子模型 M'_{Act_1} 和 M_{Act_2} 来说，类型 （g） 过程转换成为原子授权过程类型 （a） 的情形，故而两个规则不存在冲突。

类型（h）与类型（g）的冲突分析相同，访问主体属性 AS_1 对 AO_1 的否定授权能够传递给 AS_2，因此存在 M'_{Act_1}。这个授权动作子模型解释与 M_{Act_2} 将类型（h）转换为类型（b）的情形，因此存在冲突。

5.4.1.2　基于动态描述逻辑的冲突检测

由 5.4.1.1 节的策略规则冲突类型分析可以看出，这些规则冲突情形可以归结为 4 种原子授权类型。通过访问主体概念蕴含关系和资源粒度继承关系，可以将类型（e）～类型（h）转换为类型（a）、类型（b）。在这 4 种原子冲突类型中，类型（a）不会产生冲突。因为对于粗粒度资源属性 AO_1 的肯定授权无法传递给下层更细粒度资源属性 AO_2。对于另外 3 种情形，由于存在属性蕴含和否定更细粒度授权传递，存在授权冲突情况。因此，对于 XACML 策略规则的冲突检测主要需要考虑访问主体 AS 和资源 AO 的概念关系以及授权类型。

为了便于对 XACML 策略规则中效果肯定授权 Permit 和否定授权 Deny 的描述，将动作子模型分为肯定解释集和否定解释集，分别表示为 $M_{Act}^{Permit} \equiv AS \xrightarrow{\gamma}_{a+} AO$ 和 $M_{Act}^{Deny} \equiv AS \xrightarrow{\gamma}_{a-} AO$。对资源的授权规则根据效果包含在不同的解释集中。比如类型（a）中的 $M_{Act_1} \in M_{Act}^{Permit}$，$M_{Act_2} \in M_{Act}^{Deny}$。对于每一个规则授权动作发生所需要的访问主体属性用实例子模型的解释 $M_{instance_P}^F$ 来表示，其中 F 是主体属性所构成的前提公式。授权的资源属性用实例子模型 $M_{instance_E}^F$ 表示。下面分别从访问主体和资源两个方面的层次化属性结构，对策略规则冲突进行检测。

算法 5.1　层次资源属性继承规则冲突检测算法。

输入：M_{Act}^{Permit}；

　　　M_{Act}^{Deny}；

　　　$TBOX\ \mathbf{T}$。

输出：$Conflict_{M_{Act_1}}^{M_{Act_2}}$。

1：FOREACH M_{Act_1} in M_{Act}^{Permit} DO

2：　　FOREACH M_{Act_2} in M_{Act}^{Deny} DO

3：　　　　$\exists \gamma^F, M_{Act_1} \vDash M_{Instance_P} \xrightarrow{\gamma}_{a-} M_{Instance_{E_1}}$ and $M_{Act_2} \vDash M_{Instance_P} \xrightarrow{\gamma}_{a+} M_{Instance_{E_2}}$；

4：　　　　$M_{Instance_{E_1}} \vDash M_{Concept_{E_1}}^I, M_{Instance_{E_2}} \vDash M_{Concept_{E_2}}^I$；

5：　　　　IF $M_{Concept_{E_2}} \sqsubseteq M_{Concept_{E_1}}$ in $\mathbf{T}$ THEN

6：　　　　　　ConflictDissolve(M_{Act_1}, M_{Act_2})

7：　　　　　　RETURN TRUE；

8：　　　　ELSE

9：　　　　　　RETURN FALSE；

10：　　　ENDIF

11：　　ENDFOREACH

12：ENDFOREACH

算法 5.1 的输入为策略中的肯定授权规则集 M_{Act}^{Permit} 和否定授权规则集 M_{Act}^{Deny}，以及概念知识库 $TBOX\ \mathbf{T}$。通过冲突检测算法，对访问对象的资源属性层次继承造成的冲突问题进行检测，结果返回存在冲突标志 $Conflict_{M_{Act_1}}^{M_{Act_2}}$。算法中行 1 和行 2 首先对策略规则集中的肯定授权规则和否定授权规则进行遍历。M_{Act_1} 和 M_{Act_2} 分别表示规则集中的动作实例子模型。如果存在某一赋值 γ^F，使得实例 $M_{Instance_P}$ 能够满足 M_{Act_1} 和 M_{Act_2} 的前提公式（行 3）。同时，在概念知识库中，规则的授权对象 $M_{Instance_{E1}}$ 和 $M_{Instance_{E2}}$ 存在满足实例的概念子模型 $M^I_{Concept_{E1}}$ 和 $M^I_{Concept_{E2}}$（行 4），则利用 $TBOX$ $\mathbf{T}$ 判断概念子模型的可满足情况。如果 $TBOX$ $\mathbf{T}$ 中存在更细粒度资源属性实例为否定授权效果，即存在 $M_{Concept_{E2}} \sqsubseteq M_{Concept_{E1}}$ 蕴含关系，则存在形如类型（b）中的资源属性规则继承冲突。接着，需要进行冲突动作子模型的处理，删除更细粒度的肯定授权动作 M_{Act_2}，阻止资源属性的授权继承（行 6）。如果粗粒度资源属性为肯定授权，或者规则集中不存在满足要求的公式赋值，则说明规则集合中不存在资源属性规则继承冲突，如类型（a）。

算法 5.1 主要针对访问资源存在继承属性关系的授权规则冲突问题进行检测，情形如类型（a）和类型（b）所示。算法定位具体的冲突规则，并调用冲突消解函数对冲突规则进行相应处理。TBOX 提供了描述资源属性概念的层次关系，通过验证资源属性 $\sqsubseteq$ 关系决定是否存在授权冲突。这种蕴含关系可以归结为描述逻辑中的概念一致性验证问题。

对于由访问主体属性层次化结构造成的规则冲突，也可以通过验证 $\sqsubseteq$ 关系来定位冲突规则。算法 2 如下：

算法 5.2　访问主体层次属性授权规则冲突检测算法。

输入：M^{Permit}_{Act}；

　　　　M^{Deny}_{Act}；

　　　　$TBOX \mathbf{T}$。

输出：$Confict^{M_{Act2}}_{M_{Act1}}$。

1：FOREACH M_{Act_1} in M^{Permit}_{Act} DO

2：　　FOREACH M_{Act_2} in M^{Deny}_{Act} DO

3：　　　　$\exists \gamma^{F1}$，γ^{F2}，$M_{Act_1} \vDash M_{Instance_{P_1}} \xrightarrow{\gamma_1}_{a+} M_{Instance_E}$ AND

　　　　　　　$M_{Act_2} \vDash M_{Instance_{P_2}} \xrightarrow{\gamma_2}_{a-} M_{Instance_E}$；

4：　　　　$M_{Instance_{P_1}} \vDash M^I_{Concept_{P_1}}$，$M_{Instance_{P_2}} \vDash M^I_{Concept_{P_2}}$；

5：　　　　IF $M_{Concept_{P_2}} \sqsubseteq M_{Concept_{P_1}}$ OR $M_{Concept_{P_2}} \sqsubseteq M_{Concept_{P_1}}$ in $\mathbf{T}$ THEN

6：　　　　　　ConflictDissolve（M_{Act_1}，M_{Act_2}）；

7：　　　　　　RETURN TRUE；

8：　　　　ELSE

9：　　　　　　RETURN FALSE；

10：　　　ENDIF

11：　ENDFOREACH

12：ENDFOREACH

算法 5.2 中的输入集合和输出集合与算法 5.1 一样，包含了策略规则集和概念知识库。通过对访问主体中存在的概念属性蕴含关系，检测可能存在的规则冲突情况，最后返回冲突标志。算法首先对规则集进行遍历（行 1、行 2）。访问护体属性存在某个前提条件公式赋值 γ^{F1} 和 γ^{F2}，分别使得实例子模型 $M_{Instance_{P_1}}$ 和 $M_{Instance_{P_2}}$ 满足 M_{Act_1} 和 M_{Act_2} 的前提实例解释（行 3）。同时，在 $TBOX\ \mathbf{T}$ 存在满足概念子模型的实例解释 $M^I_{Concept_{P_1}}$ 和 $M^I_{Concept_{P_2}}$（行 4）。如果概念子模型之间存在蕴含关系（行 5），则存在冲突，如类型（c）、类型（d）所示。接着进行冲突规则的处理（行 6），删除更低层次主体属性，以保证高层主体属性授权一致性。如果访问主体属性间不存在满足要求的蕴含关系，则规则集合不存在访问主体概念属性蕴含关系带来的规则冲突问题。

对于以上的几种原子授权规则冲突检测，可以利用这两种算法来处理。在此基础上的复杂和交叉授权与此类似，这里不再赘述。

5.4.2 传递授权动作冲突检测

属性层次结构造成的蕴含和继承关系授权规则冲突属于静态规则冲突检测。由于改进的 XACML 架构中推理机的存在，使得资源属性的授权过程可以间接地通过传递授权的方式获得。在传递授权过程中，可能存在与直接授权规则冲突的间接传递规则。比如，某大学 $Univer_1$ 能够没有权限访问某在线书店 $BookStore$ 中的内容，而 $Univer_2$ 具备访问权限且 $Univer_1$ 具备 $Univer_2$ 的访问权限，则 $Univer_1$ 能够通过传递授权的方式获得 $BookStore$ 的资源授权。动态描述逻辑通过原子授权动作的组合可以描述传递授权过程，通过验证动作一致性能够检测这种类型的规则冲突。

5.4.2.1 传递授权规则冲突分析

按照授权过程参与主体与资源关系以及授权效果，传递授权规则原子冲突类型可以分为以下 8 种类型，如图 5.4 所示。

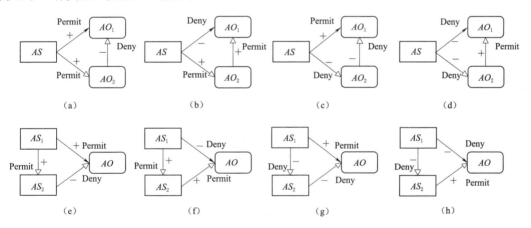

图 5.4 传递授权规则冲突类型分析

访问主体属性在进行授权规则传递过程中，其授权对象可以是其他主体属性，也可以是资源属性。不同的传递授权对象类型不会影响冲突检测的方法。在进行资源属性传递授权过程中，存在授权效果不一致的情形，比如图 5.4 中类型（a）、（b）、（e）、（h）。这些情形存在中间传递属性同时接受肯定授权和进行否定授权。对于这些情形，由于其对目标资源属性的传递授权存在不一致的情况，在冲突检测过程中不予考虑。其他 4 种情形也都存在类似情况，在这里只对类型（b）类型规则冲突进行分析。

图 5.4 中类型（b）$M_{Act_1} \models AS \xrightarrow[a+]{\gamma_1,\gamma_2} AO_1$，$M_{Act_2} \models AS \xrightarrow[a-]{\gamma_3} AO_1$

$$\left.\begin{cases} \exists M'_{Act_1} \vDash AS \xrightarrow[\alpha+]{\gamma_1} AO_2 \\ \exists M''_{Act_1} \vDash AO_2 \xrightarrow[\alpha+]{\gamma_2} AO_1 \end{cases} \Rightarrow M^*_{Act_1} \vDash AS \xrightarrow[\alpha+]{\gamma_1 \cdot \gamma_2} AO_2 \\ M_{Act_2} \vDash AS \xrightarrow[\alpha-]{\gamma_3} AO_2 \end{cases} \right\} \Rightarrow Confict^{MAct_2}_{MAct_1}$$

访问主体属性 AS 分别对 AO_1 和 AO_2 进行肯定授权和否定授权，而 AO_1 通过肯定授权可以获得 AO_2 的访问权限。对于 AS 存在某一组合实例子模型赋值 $\gamma_1 \wedge \gamma_2$，通过 M'_{Act_1} 和 M''_{Act_1} 组成的传递授权动作 $M^*_{Act_1}$，实现对 AO_2 的肯定授权，而这与 M_{Act_2} 存在冲突。

5.4.2.2　传递授权规则冲突检测

传递授权规则冲突检测问题主要是检查授权动作子模型 M_{Act} 中是否存在不一致的问题。在传递授权 M'_{Act_1} 和 M''_{Act_1} 过程中，导致 M'_{Act_1} 动作发生的前提实例子模型赋值为 $M_{Instance_1}$，并得到授权动作的结果实例子模型 $M_{Instance_2}$。M''_{Act_1} 授权动作则以 $M_{Instance_2}$ 为对目标资源对象进行访问的前提实例子模型，进而实现对目标资源对象的传递授权。从传递授权的过程可以看出，如果存在间接授权动作结果实例子模型与直接授权动作的结果子模型存在冲突，也即存在不一致的情况，则授权过程存在冲突。在算法 5.3 中，通过对肯定授权动作和否定授权动作中的结果断言集进行一致性验证，判断是否存在授权规则间的冲突。

算法 5.3　属性传递授权规则冲突检测算法。

输入：M^{Permit}_{Act}；

$\qquad M^{Deny}_{Act}$。

输出：$Confict^{MAct_2}_{MAct_1}$。

1：FOREACH M_{Act_1} in M^{Permit}_{Act} DO

2：　　FOREACH M_{Act_2} in M^{Deny}_{Act} DO

3：　　　　$\exists M_{Act_1} \equiv M'_{Act_1}$；$M''_{Act_1}$；

4：　　　　$\exists \gamma^{F1}_1$，γ^{F2}_2，$M'_{Act_1} \vDash M_{Instance_1} \xrightarrow[\alpha+]{\gamma^{F1}_1} M_{Instance_2}$ AND $M''_{Act_1} \vDash M_{Instance_2} \xrightarrow[\alpha+]{\gamma^{F2}_1} M_{Instance_3}$；

5：　　　　$\exists \gamma^{F1 \wedge F2}_3$，$M_{Act_2} \vDash M_{Instance_1} \xrightarrow[\alpha-]{\gamma_3} M_{Instance_4}$；

6：　　　　$M_{Instance_3} \vDash M^I_{Concept_3}$，$M_{Instance_4} \vDash M^I_{Concept_4}$

7：　　　　IF $M_{Instance_3} = M_{Instance_4}$ THEN

8：　　　　　　ConflictDissolve（M_{Act_1}，M_{Act_2}）；

9：　　　　　　RETURN TRUE；

10：　　　　ELSE

11：　　　　　　RETURN FALSE；

12：　　　ENDIF

13：　　ENDFOREACH

14：ENDFOREACH

算法 5.3 以策略集中的肯定策略集 M^{Permit}_{Act} 和 M^{Deny}_{Act} 为输入，通过判断授权动作结果断言集中的实例不一致情况，输出冲突状况标志。首先，对规则集进行遍历（行 1、行 2），检查规则集中是否存在包含有传递授权动作 M'_{Act_1}；M''_{Act_1} 的规则 M_{Act_1}（行 3）。对于具有传递动作的规则 M_{Act_1}，存在一组前提断言赋值 γ^{F_1} 和 γ^{F_2}，使得 AS 能够通过传递肯定授

权访问资源 AO_2（行 4）。同时，对于否定授权规则 M_{Act_2} 来说，存在前提断言赋值 γ^{F_3} 能够对 AO_1 进行直接否定授权（行 5）。M_{Act_1} 和 M_{Act_2} 的授权访问对象存在满足条件的实例子模型 $M_{Instance_3}$ 和 $M_{Instance_4}$（行 6）。如果这两个实例子模型相同，则说明直接授权和间接授权过程存在着传递授权冲突（行 7）。冲突消解的方法按照已定义的策略组合算法进行处理。若在 Permit-Overrides 算法对规则进行组合的情形下，删除 M_{Act_2} 授权规则；若组合算法为 Deny-Overrides 则删除 M_{Act_1} 规则；在 First-Applicable 情形下，则保留传递授权规则中最先遍历到的规则动作实例。最后，返回冲突状况标志。如果不存在满足上述条件的授权动作实例，则说明规则集中不存在属性传递授权造成的规则冲突情况。

5.4.3 基于 DDL 的问题推理

在授权策略规则冲突检测算法中，推理问题包括两个方面：一方面，在层次属性结构引发的规则冲突情形，主要是对用于解释实例子模型的概念蕴含关系是否成立进行验证；另一方面，对于传递授权规则引发的冲突情形，主要是对授权规则动作实例子模型之间的结果断言集是否一致。这些推理问题可以归结为动态描述逻辑中的可满足性问题和一致性检测问题[84-85]。

定义 5.20 属性概念子模型 $M_{Concept_1}$ 和 $M_{Concept_1}$ 满足 $M_{Concept_1} \sqsubseteq M_{Concept_1}$ 蕴含关系，当且仅当在 TBOX **T** 中存在解释 I，使得 $M_{Concept_1}^I \sqsubseteq M_{Concept_1}^I$。

定理 5.1 TBOX **T** 中的概念子模型间蕴含关系 $M_{Concept_1} \sqsubseteq_{\mathbf{T}} M_{Concept_1}$ 成立，当且仅当 $M_{Concept_1}^I \sqcap \neg M_{Concept_2}^I$ 是不可满足的，即 $M_{Concept_1}^I \sqcap \neg M_{Concept_2}^I = \varnothing$。

如果两个概念子模型 $M_{Concept_1}$ 和 $M_{Concept_1}$ 在 TBOX **T** 中存在解释 I 使得两个模型满足蕴含关系，且存在满足 **T** 的概念描述模型 $M_{Concept_1}^I \sqcap \neg M_{Concept_2}^I \neq \varnothing$，则存在某一实例子模型 $M_{Instance_1}^I \in M_{Concept_1}^I$ 满足解释 I。由于存在概念蕴含关系，所以又 $M_{Instance_1}^I \in M_{Concept_2}^I$，而这与 $M_{Instance_1}^I \in \neg M_{Concept_2}^I$ 矛盾，因此，在 $M_{Concept_1}^I \sqcap \neg M_{Concept_2}^I$ 中不存在这样的实例。

定义 5.21 如果在传递授权规则结果实例子模型 $M_{Instance_1}$ 和 $M_{Instance_2}$ 中的两个断言公式 F_1 和 F_2 存在 $F_1 \sqcap F_2 = \varnothing$，则两个实例子模型是不一致的，即 $M_{Instance_1} \sqcap M_{Instance_2} = \varnothing$。

动态描述逻辑的可满足性验证可以通过 Tableaux 算法来实现[86]。对于两个概念子模型或者实例子模型的推理验证，可以通过下面的规则来实现。以实例子模型的可满足性验证为例，通过这些规则扩展由 $M_{Instance_1}$ 和 $M_{Instance_1}$ 构成的属性表述集 εS，验证最后的扩展集 εS 是否存在冲突来判断两个模型的可满足性问题。

$\sqcap$ 规则：如果存在满足 TBOX **T** 的解释 I，使得 $M_{Instance_1}^I \sqcap M_{Instance_1}^I \in \varepsilon S$，且 $M_{Instance_1}^I \notin \varepsilon S$，$M_{Instance_2}^I \notin \varepsilon S$，则将 $\{M_{Instance_1}, M_{Instance_1}\}$ 扩展到 εS 中。

$\sqcup$ 规则：如果存在满足 TBOX **T** 的解释 I，使得 $M_{Instance_1}^I \sqcup M_{Instance_1}^I \in \varepsilon S$，且 $M_{Instance_1}^I \notin \varepsilon S$，$M_{Instance_2}^I \notin \varepsilon S$，则将 $M_{Instance_*}$ 扩展到 εS 中，其中 $M_{Instance_*} = M_{Instance_2}^I$ 或者 $M_{Instance_*} = M_{Instance_1}^I$。

$\exists$ 规则：如果存在满足 TBOX **T** 的解释 I，使得 $\exists R.M_{Instance_1}^I \in \varepsilon S$ 成立，且 $\nexists M_{Instance_2}^I$，$R(M_{Instance_1}^I, M_{Instance_2}^I \in \varepsilon S$ 并且 $M_{Instance_2}^I \in \varepsilon S$，则扩展 $\{M_{Instance_2} R(M_{Instance_1}, M_{Instance_2})\}$ 到 εS 中。

$\forall$ 规则：如果存在满足 TBOX **T** 的解释 I，使得 $\forall R.M_{Instance_1}^I \in \varepsilon S$ 成立，且 $M_{Instance_2}^I) \in \varepsilon S$，则扩展 $\{M_{Instance_1}\}$ 到 εS 中。

动作 α 规则：如果存在满足 $TBOX$ **T** 的解释 I 和赋值公式集 γ^F，使得 $M_{Instance_1}^I \rightarrow_a^F M_{Instance_2}^I$ 且 $M_{Instance_1}^I \in \varepsilon S$，则从 εS 中去除 $M_{Instance_1}$，加入 $M_{Instance_2}$。

实例子模型经过上述规则的扩展得到扩展集 εS。如果 εS 中包含 $\bot$ 则表示两个子模型是不可满足的，从而判断两者之间存在冲突。

定理 5.2 可靠性：基于动态描述逻辑的规则冲突检测方法是可靠的。

通过动态描述逻辑形式化表示的规则授权过程冲突检测可以分为属性结构层次继承关系造成的冲突和传递授权造成的冲突。在对这些规则冲突检测方法中，一方面对于属性层次结构造成的属性间蕴含和继承关系，在算法 5.1 和算法 5.2 中转换为 $TBOX$ 中概念蕴含关系的可满足性验证，这些可满足性问题都可以利用描述逻辑中的推理算法 Tableaux 来实现；另一方面，对于传递授权规则冲突，算法 5.3 可以将冲突检测问题转换为授权结果实例子模型的可满足性问题。动作 α 规则根据动态描述逻辑和推理机制给出的，通过对扩展集中的元素进行替换能够保证算法正确性。因此，基于动态描述逻辑的规则冲突检测方法具有正确性。

定理 5.3 可判定性：基于动态描述逻辑的规则冲突检测方法是可判定的。

由于规则授权冲突检测问题可以转换为动态描述逻辑中的可满足性和一致性推理问题，因此可以采用上述的规则来解决。而这些规则中，$\sqcap$ 规则、$\exists$ 规则和 $\forall$ 规则是可以在线性时间内完成的。$\sqcup$ 规则无法给出确定的完成时间，但是最坏情况是完全二叉树情形，可以在有限时间内完成。动作 α 规则包含替换操作，也是可以在有限时间内完成的。对于最后的扩展集冲突判断有 $\top$ 和 $\bot$ 两个结果，因此是可判定的。

5.5　性能分析与评估

5.5.1　实验环境构建

为了更好地对基于 DDL 的资源细粒度访问授权规则推理问题的可行性进行验证，我们构建了规则推理与冲突检测分析实验。这个实验模型包括三个主要部分：XACML - DDL 转换器、规则分析器和规则推理结果生成器，如图 5.5 所示。

XACML - DDL 转换器的作用是将 XACML 策略转换为 DDL 语义，转换器工作过程包括对策略中的元素节点进行遍历，并加载相应的规则信息，然后，利用 DDL - Converting 转换为 DDL 语言描述的策略规则。规则分析器的作用是根据 PIP 本体库中存在的实例和概念模型，对 DDL 语言描述的规则进行逻辑推理，最后的推理和异常处理结果反馈给输出生成器。规则推理组件主要包括属性匹配（Comparision），规则推理可满足性验证（Verification）和冲突规则的检测（ConflictChecking）。规则分析器提供了一个推理机接口，能够支持不同的 DL 推理机参与描述逻辑规则推理过程，比如 Pellet[87]、FaCT++[88]、RACER[89]。策略信息描述点提供的资源属性的本体知识库，为推理机进行基于 Tableau 的规则推理提供数据支持。对于存在推理问题的规则以及规则的处理结果，由规则分析器交给输出生成器进行处理。输出生成器将策略中的异常规则生成能够满足要求的规则集反馈给规则管理员，以便对存在问题的规则集进行处理。

由于目前还没有基于 XACML 策略集的 DL 推理机的验证标准数据集，我们采用曾经

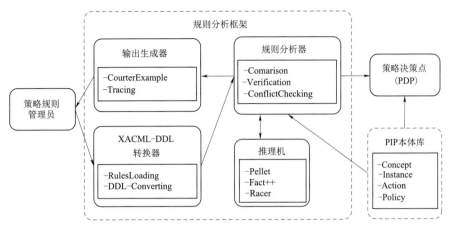

图 5.5　规则推理实验分析框架

在基于二叉语义树（BDD）的 XACML 规则分析器 Margrave[90] 中应用过的数据集 Continue[91]。在 Continue 数据集中包含大量的复杂可用的 XACML 策略，用于对控制符合条件的用户对文章资源进行授权操作。Continue 数据集提供了 26 个策略文件，其中包含 86 个授权规则及 37 种用于描述用户和文章属性信息的元素。同时，具有 5 个身份角色属性描述结构，分别是 $pc-member$、$pc-chair$、$subreviewer$、$editer$ 和 $admin$，存在的四层继承关系表述为 $pc-member < pc-chair < subreviewer < editer < admin$，详见表 5.1。

表 5.1　　　　　　　　　　　　　　属性规则继承关系说明

继承关系	属性蕴含结构	$\# \sum atbs_{rule}$，$\# \sum rules_{pol}$
一层继承	$(admin, editor)$	9，24
二层继承	$(editor, subreviewer)$ $(admin, subreviewer)$	16，33
三层继承	$(subreviewer, pc-chair)$ $(editor, pc-chair)$ $(admin, pc-chair)$	28，42
四层继承	$(pc-chair, pc-member)$ $(subviewer, pc-member)$ $(editor, pc-member)$ $(admin, pc-member)$	31，69

根据身份角色不同存在的四层继承关系，在数据集中策略规则中存在的服务属性数量和策略中的规则数分别用 $\# \sum atbs_{rule}$ 和 $\# \sum rules_{policsy}$ 来表示。不同层次继承关系可能存在相同的授权规则，而随着继承层次的深入，规则中的属性值数量逐渐增加。

实验平台采用 Intel Pentium 42.4GHz CPU，2GB 内存，Windows XP SP3 操作系统，Java Runtime Environment 1.6。

5.5.2　性能评估

为了衡量 Continue 数据集中的策略在实验平台上进行加载和推理验证的时间开销，我们选取数据集中存在不同层次继承的策略进行测试。实验平台上的时间开销主要分为策略加载时间（Loading）和策略验证时间（Verify）。策略加载时间主要包括对 XACML 策略中元素遍历时间和 DDL 逻辑描述转换时间。策略验证时间是根据 PIP 对 DDL 形式化模型进行逻辑推理的时间，主要针对四种推理机是时间开销进行分析，分别是 Pellet、

Racer、Fact＋＋和 Margrave。前三种推理机是基于 DL 的形式化描述，第四种的形式化描述和推理是建立在 BDD 基础上的。首先需要将一个规则实例转换为 DDL 形式化描述。例如，对于一条 Continue 数据集中存在的一层继承规则：如果访问主体是 $admin$ 或者 $editor$，则可以对会议转台表示 $meeting\,flag$ 进行修改。对于这条规则，转化为相应的 DDL 形式化断言描述 P，在实例子模型中存在如下的实例和动作公式，$P \equiv$（$\exists M_{Instance}^{admin} \sqcup M_{Instance}^{editor}$）$\sqcap \exists M_{Action}^{write} \sqcap \exists M_{Instance}^{meetingFlag}$。利用推理机可以对转换为 DDL 形式化描述的断言 P 进行可满足性验证。实验平台针对多组存在不同层次继承关系的策略，利用不同推理机进行了从加载到验证的时间开销情况记录，详见表 5.2。

表 5.2　　　　　　　　　Continue 数据集授权推理时间开销分析　　　　　　　　单位：s

继承关系	Pellet 推理		Racer 推理		Fact＋＋推理		Margrave 分析	
	加载	验证	加载	验证	加载	验证	加载	验证
一层继承	0.715	0.582	0.746	0.631	0.683	0.660	0.915	0.014
二层继承	0.752	0.577	0.781	0.659	0.714	0.689	1.298	0.019
三层继承	0.929	0.625	0.912	0.647	1.057	0.729	1.553	0.026
四层继承	1.602	0.697	1.419	0.720	1.377	0.741	2.084	0.028

基于 DL 的推理机在进行规则加载阶段的时间开销差别不大，基本在 1s 左右。相比较基于 BDD 方法的 Margrave 分析器来说，加载阶段的时间开销相对较小。这是由于基于 XACML 描述的资源属性在进行元素遍历过程中，到 DL 的转换比较方便，节省了一定的时间开销。对于采用 XML 格式的访问主体、服务资源和授权规则本体来说，DL 推理机的形式化表述能力更强，效率更高。在推理机验证阶段，Margrave 分析器优势明显，时间开销基本上在 10ms 级。由于采用二叉语义树进行规则推理，Margrave 的断言验证效率很高。然而，对于前三种基于 DL 的推理机来说，在进行规则推理验证的时间开销基本稳定在 1s 内。Pellet 推理机的验证时间开销平均值在 0.6s 左右，Racer 和 Fact＋＋也基本稳定在 0.6～0.8s。考虑推理机的实际应有环境，采用基于 DL 的推理机和 XACML 分析转换机制的验证过程时间开销是可以接受的。

由于 Continue 数据集包含的属性数量和规则数量有限，无法有效地模拟云服务资源授权访问应用环境。为了更好地模拟云计算环境中海量服务资源和授权规则对 DDL 推理过程时间开销的影响，实验对 Continue 数据集进行扩展。对 Continue 数据集的扩展包含如下两个方面：

（1）在不改变策略规则结构的前提下，扩展属性值。对于策略中出现的每一个属性描述，通过添加新的属性值描述来进行扩展。添加方法如下：首先，为策略中的每一个属性值描述制定类似的属性列表 $\langle v_1, v_2, \cdots, v_{limit} \rangle$，其中 $limit$ 是用来控制属性扩展规模的阈值；然后，遍历策略中的每一个元素节点，如果发现原有属性值 v，则在属性列表中随机选择一个属性替换原有的属性值。如果策略中的原有属性值均已替换完毕，则完成属性扩展。扩展属性值保持与原属性值一致的层次关系。

（2）扩展策略规则。为了能够评估大数量的策略规则，对原有策略集进行扩展。在

Continue 数据集中的根节点策略文件（RPSlist. xml）中添加新的 *reference* 节点，在这个节点下利用 XACML 规则生成器[92]生成新的策略规则。在策略规则的生成过程，对最大策略树深度（maxDepth）、最大属性数量（maxAttributePerCategory）、最大属性值（maxValuesPerAttribute）、最大策略规则数量（maxChildren）等参数进行设置，以控制生成的规则数量。扩展的策略规则中的属性必须是已存在于 Continue 数据集中的属性值。

根据上述方法扩展的 Continue 数据集中的属性和策略数量可以根据实验需要进行控制。为了验证 5.5 节中算法在实验平台上对数据集进行冲突检测的时间开销，设计如下 3 个实验：①策略数量的增加对单个冲突规则检测时间开销的影响；②固定数量策略中的多个冲突规则检测时间开销；③属性数量冲突检测效率的影响。

对于实验①来说，在扩展的 Continue 数据集中，选取六组存在规则冲突情形的策略集，其中包含的策略数量分别为 50、75、100、125、175、200。应用 5.4 节中的算法分别对这几组策略集中的单个规则冲突进行检测，记录检测的冲突规则的时间开销。实验②将策略集中的策略数量控制在 126 个，重复应用 5.4 节中的算法，记录多个冲突规则检测到的时间开销。上述实验①和实验②的数据结果如图 5.6 所示。

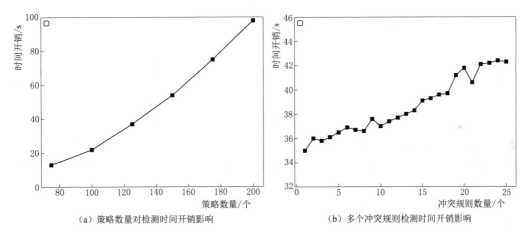

（a）策略数量对检测时间开销影响　　　　（b）多个冲突规则检测时间开销影响

图 5.6　检测算法时间开销分析

从实验结果可以看出，冲突检测算法的检测效率与策略集中的策略数量和冲突数量有关。在图 5.6（a）中，冲突算法检测到单独规则冲突情况的时间开销随着策略集中的数量增加而增大，并且基本呈线性增长的趋势。图 5.6（b）中，检测到多个规则冲突情况的时间开销随着冲突数量的增加而变化，基本趋势是线性的。其中有些节点状况存在一些浮动，比如 9 个冲突数量节点和 19 个冲突数量节点的检测时间开销与邻居节点有不同。但是，浮动的区间均在 2s 以内，并且周围邻居节点没有出现显著的变化，因此在实际应用场景下，可以忽略这种浮动情形。从实验结果中可以看出规则冲突检测效率与策略数量和冲突数量基本呈线性关系。针对两个实验的扩展 Continue 数据集，冲突检测算法可以在线性时间内完成，满足定理 5.3 中的描述。

实验③按照属性值扩展的方法扩展 Continue 数据集，分别得到属性数量分别为 27、49、65、81 和 107 五组策略测试集。每一组数据集应用的策略数量相等（数量为 175 个）。

利用冲突检测算法对每一组策略测试集中的冲突规则进行检测，记录时间开销。实验结果如图 5.7 所示。

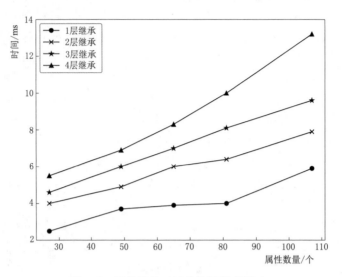

图 5.7　属性数量对冲突检测效率影响

4 个由不同层次继承组成的策略组，在不同属性的属性值中的表现存在差别。随着属性数量的增加，4 个策略组的冲突检测所需要的时间都有所增加。这是由于属性数量的扩大，造成检测算法对资源属性节点的遍历时间开销增大。这种时间开销与属性数量的增长关系呈线性趋势，在扩展的 Continue 数据集中是可以在可接受的时间内完成的。4 个策略组之间，由于存在的继承关系不同，在相同的属性数量下的时间开销也存在不同。原因是低层策略集中的策略所含规则数量较少，概念之间的蕴含关系能够在较短的时间内完成运算，所需要的时间开销相比较高层的策略集来说要低一些。随着属性数量的不断增加，不同层次策略集之间的时间开销差别变得越来越大。在策略集数量和规则结构不改变的情况下，属性值的数量是影响冲突检测时间开销的主要因素。

5.6　本　章　小　结

本章主要研究了基于 XACML 框架的跨域资源授权访问过程中属性授权推理和规则冲突检测问题。将第 4 章构建的资源本体模型映射到动态描述逻辑语言环境中。利用动态描述逻辑 DDL 对资源属性本体和授权规则本体进行形式化描述。通过构建本体知识组成的概念知识库、实例知识库和动作知识库，对于属性一致性和规则可满足性等推理问题进行研究。分析了由于属性概念层次结构和规则传递授权产生的授权规则冲突问题。利用构建的 DDL 推理引擎和知识库结构，对规则冲突进行检测。分别对概念层次和传递动作引起的规则冲突问题，设计了冲突检测算法。通过 Tableau 规则能够利用可满足性验证判断规则冲突问题，证明了算法的可靠性和可判定性。最后，设计了基于 DDL 的资源细粒度访问授权规则推理的可行性验证实验。利用扩展的 Continue 数据集对访问控制授权过程进行推理过程时间开销的实验，分析了 XACML 属性信息加载和授权验证效率。通过对比基于 DDL 的推理机和基于 BDD 推理机的综合执行效率，验证了采用基于 DL 的推理机和 XACML 分析转换机制的验证过程适合处理复杂的云服务资源细粒度授权推理问题。针对授权规则冲突检测算法，分别从策略数量、冲突数量和属性层次结构三个方面分析了推理引擎的执行效率，验证了基于 DL 的推理方法在多项式时间内是可判定的。

第6章

基于时序动态描述逻辑的属性信任协商

6.1 引　言

利用 XACML 属性协商框架中属性暴露和信任协商验证的方式，为分布式的云服务资源信任关系建立提供了技术保障。利用 DDL 的推理机制能够对属性授权可满足性推理问题进行验证，但是对于属性协商过程中的动态行为不易描述。本章在 DDL 基础上引入时序算子，对资源授权动作的时间特性进行研究。利用授权过程中授权动作的迹来描述授权序列，利用迹上的公式来描述信任验证双方的协商属性和规则状态。通过迹上的公式集和规则集组成的局部知识库，推理引擎判断授权动作前提条件公式的可满足性，进而预测协商授权迹的存在性。

6.2　属性信任协商存在的问题

6.2.1　协商过程可达性

协商过程的可达性验证是协商成功的关键。属性协商过程中，属性的暴露顺序是由协商策略控制的。根据对暴露属性敏感信息保护强度，传统的 ATN 协商策略主要包括吝啬策略、混合策略和完全策略。相应的，对于三种暴露策略，协商效率和成功率逐步提高。在 ATN 机制中属性暴露顺序是随意的，没有针对性的属性暴露控制方法。这就造成了某些可能促成协商成功的属性无法暴露给对方，使得协商失败。或者在协商序列中暴露的时间过迟，而影响协商效率。

6.2.2　属性协商循环依赖

访问主体属性与资源属性在进行协商交互过程中，可能存在循环依赖问题，进而造成协商失败。对于协商双方由于安全策略的控制，属性需要逐步地进行暴露和交互。对于资源属性来说，暴露的前提条件需要访问主体提供满足其访问控制策略的主体属性。而对于资源请求者来说，所要求的属性可能是敏感的，需要资源拥有者提供满足请求方访问控制策略的属性信息。如果请求者所要求的这个属性信息对于资源拥有者来说也是敏感的，需要资源请求者提供敏感属性，而这个敏感属性正是需要资源拥有者之前需要暴露的敏感属性信息，则这个时候会出现属性协商循环依赖问题。双方的信任协商过程会在彼此不断要求对方暴露互相约束的敏感证书的情形中循环下去，形成属性协商死锁状态，影响协商效率。假设协商双方为 $Alice$ 和 Bob，分别具有加锁的敏感属性 a_{locked} 和 b_{locked}。双方所具有的访问控制策略分别是 $R_{Alice} = Alice.unlock(a) \leftarrow b$ 和 $R_{Bob} = Bob.unlock(b) \leftarrow a$。双方在没有得到对方敏感属性之前暴露自己的敏感属性信息，这种情况成为属性循环依赖问题。存在属性协商循环依赖的协商过程，双方建立信任关系的协商效率低下，可能造成不必要的协商失败。

6.3 基于时态描述逻辑的协商模型

6.3.1 属性协商动态逻辑描述

在属性信任协商过程中，资源属性访问请求者 AS 发起对 AO 的资源属性访问请求后，AO 根据其 $ACTBOX$ 中具有的访问控制规则对访问请求进行判断。如果授权规则允许相应资源属性请求，则响应 AS 的访问请求；否则，根据规则中不满足的资源属性，请求 AS 进一步暴露其主体属性。经过多轮这样的协商之后，直到满足对方的访问请求。利用上一章对动态描述逻辑的定义可以构建 AS 和 AO 的属性协商过程。

定义 6.1 自由属性与加锁属性（$M_{Instance}^{free}$，$M_{Instance}^{locked}$）：对于信任协商双方满足属性实例集 $ABOX$ **A** 一致性的属性，自由属性 $M_{Instance}^{free}$ 允许资源属性直接暴露给对方，而加锁属性 $M_{Instance}^{locked}$ 需要根据访问控制策略判断，转换为自由属性。

定义 6.2 可满足（$Sat(M_{Act}, M_{Instance})$）：对于满足知识库 $ABOX$ **A** 和 $ACTBOX$ **ACT** 一致性的动作和实例 M_{Act} 和 $M_{Instance}$，M_{Act} 存在前提公式集 F 赋值，使其能够满足动作 α 可执行，其中 $M_{Instance} \subseteq F$。

定义 6.3 属性解锁（$Unlock(M_{Instance_2}, M_{Instance_1})$）：如果存在 $M_{Instance_1}$，使得 $Sat(M_{Act}, M_{Instance_1})$ 成立，得到后果实例集 $M_{Instance_2}$，则称属性实例 $M_{Instance_2}$ 被 $M_{Instance_1}$ 解锁。

定义 6.4 属性协商过程（S）：属性协商过程可以用动作序列集 $S = \{M_{Act}^i\}_{i \in [0, 2n+1]} = \alpha_0; \alpha_1; \cdots \alpha_{2n+1} (n \in \mathbb{N})$，其中 n 表示协商轮数。对于第 j 次协商（$j \in [1, n]$），$\alpha_{2j} \subseteq M_{Act_{AS}}^j$ 表示访问主体属性的授权动作，$\alpha_{2j+1} \subseteq M_{Act_{AO}}^j$ 表示资源属性的授权动作。

根据访问控制策略，协商双方的属性授权动作 α 中包括由实例构成的前提结果公式集 $\{P_A, P_E\}$。初始协商过程授权动作 α_0 的前提公式集 P_A 包含所有可暴露的自由属性 $P_A \subseteq M_{Instance_{AS}}^{free}$。在协商过程中，各个协商阶段对自由属性集合进行扩展，同时也触发更多的授权动作前提条件成立。在协商过程中，出现 $M_{Instance_{AS}} \in P_E^{\alpha_{2n+1}}$ 表示协商成功。如果不存在这样的实例，则协商无法达成。

定义 6.5 协商成功：访问主体 AS 对资源属性 AO 的协商过程是成功的，当存在动作 $\varphi \vDash M_{Instance_{AS}}^{free} \rightarrow_{\alpha_{2n+1}}^{\gamma} M_{Instance_{AO}}$ 在动作知识库 $ActBOX$ **ACT** 中是可满足的，其中 $M_{Instance_{AS}}^{free}$ 表示能够暴露的 AS 自由属性。

在协商过程中存在满足 φ 前提条件的 $M_{Instance_{AS}}^{free}$，能够保证 AS 被授权访问。但是并不是每一次协商过程都能够找到存在这样实例的动作序列，一方面，由规则保证的授权推理过程无法推导出满足条件的自由属性，即访问主体安全性能没有满足资源属性暴露要求；另一方面，可能存在协商双方的循环授权依赖，形成协商死锁，出现协商无法正常终止的情况。在第二种情况中，如果能够提前检测出死锁情况并在协商过程中避免这种情况出现，可能能够促成双方的成功协商。

定义 6.6　属性循环依赖：对于协商序列 S，存在满足授权动作 α 的公式集 ϕ，$\varphi \subseteq M_{Instance}^{locked}$ 使得传递动作 $\{\alpha_j; \alpha_{j+1}\}^*$ 或者 $\{\alpha_j; \cdots; \alpha_{j+k}\}^*$（$j, k \in [0, 2n+1], j < k$）对于动作知识库 $ACTBOX\ \mathbf{ACT}$ 是可满足的，其中 $\alpha_j \vdash \varphi \to \psi$ 且 $\alpha_{j+1} \vee \alpha_{j+k} \vdash \psi \to \varphi$。

6.3.2　基于时序动态描述逻辑的信任协商

6.3.2.1　时序 DDL 语法

　　时序 DDL 语法的语法定义包含了动态描述逻辑中的概念、实例和角色。其中概念和动作的定义和 5.3.1 小节中相同，对于动作的语法定义加入了用于描述时间状态的时序算子 $U(until)$ 和 $X(next)$，分别表示直到某一时刻状态和下一个状态。为了描述时序状态，首先给出协商过程中授权动作的迹定义。

　　定义 6.7　授权动作的迹（π）：对于给定的资源描述模型 $RESOURCE = (\Delta, I, W, A)$，在构成的所有世界空间中的任一序列 $(w_1, w_2, \cdots)$。如果其中每一对可能世界 (w_i, w_{i+1}) 都存在某一授权动作 α 满足动作知识库 $ACTBOX\ \mathbf{ACT}$ 中的规则，则这个序列组成的集合是授权动作的迹，记作 π，利用 $|\pi|$ 和 $\pi[i] = w_i$ 分别表示迹的长度和动作迹上的第 i 个世界解释。

　　授权动作的迹是时序的描述坐标，在迹上的每一个世界空间 $\pi[i]$ 都是一个时态描述。每一个授权动作 α 都完成了从 π_i 到 π_{i+1} 的状态转移。在信任协商过程中，协商序列 S 构成了协商授权动作的迹。每一个公式集组成的授权动作前提或者后果状态都是授权动作迹上的一个时态描述。利用授权动作的迹可以描述动态描述逻辑中的时序状态。接下来给出时序 DDL 的语法描述，与 5.3.1 小节定义重复部分省略。

$$\alpha, \beta ::= \langle \alpha \rangle^\pi C \mid \phi U^\pi \psi \mid X^\pi \psi \tag{6.1}$$

　　在时序 DDL 的语法定义中，$\langle \rangle$，X 是一元时序连接词，分别连接概念和公式集；U 是二元时序连接词，连接了两个公式集。这些时序状态描述都是在授权动作迹上进行的。对于参与协商过程的实例和动作来说，所有状态都可以通过这种语法描述来实现。比如，访问主体 AS 和资源 AO 属性协商成功的语法描述可以表述为 $\langle \alpha \rangle^{\pi[2n+1]} AO$；对于协商过程中的某一实例 $M_{Instance}$ 的可满足 $Sat(M_{Act}, M_{Instance})$，可以表述为 $[\alpha] M_{Instance}$；对于协商过程中的属性循环依赖问题，可以根据情形描述为 $\phi U^{\pi[i]} \psi \wedge X^{\pi[i+1]} \phi$。

6.3.2.2　时序 DDL 语义

　　时序 DDL 语义描述是在授权操作模型 $\{W, \sum, \Delta_M, I\}$ 基础上构建的。时序 DDL 模型 $M_\pi = \{\Pi, \sum, \Delta_M, I\}$，其中 Π 表示世界 W 中所组成的迹空间，每一个空间元素都是一个可能的授权动作迹；$\sum = (W \cdot^T)$ 表示对于动作常元 α_i，通过 $\cdot^T$，在世界 W 中的存在二元关系 $a_i^T \in W \times W$ 是其映射；Δ_M 表示由所有组成属性的概念和实例构成的非空集合；$I = (\Delta_M, \cdot^I(\pi[i]))$ 描述在某一个授权动作迹中的某一时态实例在世界 W 中的解释。对于时序 DDL 的语义描述大部分与 5.3.1 小节中的语义描述相同，对于添加的时态算子 $\langle \rangle$，X，U 的语义描述如下。

　　定义 6.8　对于时序 DDL 模型 $M_\pi = \{\Pi, \sum, \Delta_M, I\}$，对于 Π 中的任一可能的授权动作迹 π，存在某一状态 $\pi[i]$，用 $M_\pi, \pi[i] \vdash \phi$ 表示公式 ϕ 在授权动作迹 $\pi[i]$ 时刻成立。

　　(1) $(M_\pi, \pi[i]) \vdash \langle \pi \rangle \varphi$，当且仅当存在 M_π 上的某条授权动作的迹 $\pi' \subseteq \pi$，$\pi'[1] = M_{\pi[i]}$ 且 $(M_\pi, \pi[|\pi'|]) \vdash \varphi$。

（2）$(M_\pi,\pi[i])\vDash\varphi U^\pi\psi$，当且仅当存在 k，$j\in\mathbb{N}$，使得 $(M_\pi,\pi[i+k])\vDash\psi$ 且对于任一 j，$0\leqslant j\leqslant k$ 都有 $(M_\pi,\pi[i+j])\vDash\varphi$。

（3）$(M_\pi,\pi[i])\vDash X^\pi\psi$，当且仅当 $(M_{\pi[i+j]}\vDash\psi)$ 成立。

在时序 DDL 模型的语义描述中，$\langle\pi\rangle\varphi$ 表示对于在公式 φ 成立之前，存在授权动作迹上的动作序列 π 满足授权模型；$\varphi U^\pi\psi$ 表示在授权动作迹上存在公式满足授权模型的公式集 φ，直到某一时刻 $\pi[k]$ 授权模型满足公式集 ψ；$X^\pi\psi$ 语义是授权动作迹上存在下一个授权状态 $\pi[i+1]$ 使得授权模型满足 ψ。直观上的语义描述如图 6.1 所示。

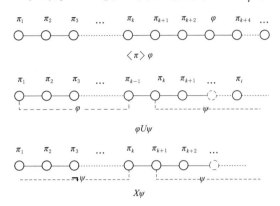

图 6.1　时序 DDL 模型语义

利用之前给出的量词约束语义 $\exists$ 和 $\forall$，能够定义授权动作迹上的某条或者全部子迹上的语义描述。比如，$\exists\varphi U^{\pi_i}\psi$，$\pi_i\sqsubseteq\Pi$ 描述在授权动作的迹上存在一条满足 $\varphi U\psi$ 的路径。其他的时序逻辑描述中的算子可以通过等价关系引入到时序 DDL 模型中。比如，F 算子（Future）存在等价的时序 DDL 描述 $F^\pi\varphi\equiv\top U^\pi\varphi$；$G$ 算子（Always）存在等价的时序 DDL 描述，$G^\pi\varphi\equiv\neg F^\pi\neg\varphi$。

6.3.2.3　时序 DDL 信任协商过程建模

属性信任协商过程是属性交互序列集，利用动态描述逻辑和授权动作迹可以形式化地描述协商过程的时序特征。访问主体 AS 和资源 AO 的属性是满足 TBOX **T** 一致性验证的实例集，包括加锁实例和自由实例。访问控制策略一方面需要通过判断由自由属性构成的公式集是否满足授权动作前提条件要求；另一方面，如果对方提供的属性集合不满足授权动作前提条件，还需要把动作的前提公式集返回给对方，以便进行下一步协商。对于属性的访问控制策略，可以利用属性暴露树的结构来描述。属性暴露树是一个无穷有向图，它包含了从拟暴露属性出发的所有授权动作组成的迹。利用属性暴露树可以很好地描述属性信任协商过程。

定义 6.9　属性协商暴露树（DisclosureTree，T_π）：对于需要暴露的敏感属性实例 $M_{Instance}^{locked}$ 来说，有满足 ACTBOX **ACT** 中授权动作的前提条件公式集构成的暴露树结构 T_π 满足如下条件：

（1）T_π 的根节点为 $ROOT\in M_{Instance}^{locked}$。

（2）T_π 中的所有子节点由满足 ABOX **A** 和 TBOX **T** 的实例组成的公式集构成。

（3）从 T_π 的叶子属性节点到根节点的一条路径是 $M_{Instance}^{locked}$ 的一个授权动作迹，也是属性的一个授权协商序列 S_π。

（4）对于 S_π，存在连续节点构成的属性对 (a_j,a_k)，其中 j，$k\in[0,|\pi|]$。如果存在满足一对实例 $(M_{Instance}^{\pi[i]},M_{Instance}^{[i+1]})$，则在协商过程中 a_k 在 a_j 之前暴露给对方。

从属性协商暴露树定义可以看出，T_π 是由 **T** 和 **ACT** 所组成的所有协商过程集合。对

于 $M_{Instance}^{locked}$ 的每一次属性授权协商过程都是 T_π 的一个子迹。在某一个协商子迹 T_π 中，带时序算子的描述逻辑分别表示不同的语义描述，可以直观地表示为如下语句。$\langle\pi\rangle\varphi$ 表示由协商一方属性构成的公式集 φ 满足沿某一协商路径的授权动作前提条件。pi 是有一组双方授权动作组成的属性协商序列，它是属性暴露树的一个子集；$\exists(\neg\varphi U^\pi\psi)$ 表示在某一次协商过程中，存在属性集 ψ 能够满足授权工作前提要求，而在之前属性集 φ 未被满足；$X^\pi\psi$ 表示协商过程中，下一个授权动作包含属性集是 ψ。

6.3.3　协商场景与推理问题

为了更好地表述时序动态描述逻辑对属性协商过程中的授权动作，利用属性协商暴露树构建协商实例场景。针对协商过程中可能存在的可达性和循环依赖问题，利用时序动态描述逻辑给出语义表达。

6.3.3.1　基于属性暴露树的协商场景

对于访问主体 AS 和资源 AO，推理知识库中包含两者的属性描述集合和授权规则集合。根据各自的安全性能需求，属性集中包括加锁属性和自由属性。加锁属性需要根据授权规则，在对方暴露满足规则动作前提条件的公式集后才能进行解锁操作，转换为自由属性。自由属性可以直接暴露给对方，进而验证是否满足对方属性授权动作要求。下面给出一个 AS 和 AO 的属性协商实例。为了便于在本章对属性的授权动作进行描述，利用形如 C_1 来描述满足 $ABOX$ $\mathbf{A}$ 和 $TBOX$ $\mathbf{T}$ 的实例 $M_{Instance_{C_1}}$。利用 α，β 来描述对属性进行授权和解锁操作的动作子模型 M_{Act}，模型满足 $TBOX$ $\mathbf{T}$ 中的规则描述。

对于协商双方 AS 和 AO 来说，分别包含用来描述各自安全性的属性集合。$ATB_{AS}=\{C_1,C_2,C_3,C_5\}_{locked}\bigcup\{C_4\}free$，$ATB_{AO}=\{S,S_1,S_2,S_3\}_{locked}$，其中 AS 的属性集合包括 4 个加锁属性和 1 个自由属性，AO 中包含 4 个加锁属性。S 是 AS 所需要访问的资源，AO 中的其他属性需要和 AS 协商过程中逐步暴露。AS 和 AO 的属性暴露规则，也即访问控制规则见表 6.1。

表 6.1　　　　　　　　　　属性协商访问控制规则

$RULE_{AS}$	$RULE_{AO}$
$AS_1:C_1 \leftarrow S_1$	$AO_1:S \leftarrow (C_1 \wedge C_6) \vee (C_3 \wedge C_4)$
$AS_2:C_2 \leftarrow S_2 \wedge S_3$	$AO_2:S_1 \leftarrow (C_2 \wedge C_3) \vee (C_4 \wedge C_5)$
$AS_3:C_3 \leftarrow S_3$	$AO_3:S_2 \leftarrow C_1$
$AS_4:C_4 \leftarrow \top$	$AO_4:S_3 \leftarrow C_3 \vee C_4$
$AS_5:C_5 \leftarrow S_5$	

访问主体 AS 的访问请求是申请访问 AO 中的资源 S，S 是受保护的资源，需要访问控制规则限制其授权操作。根据 AO 的属性资源访问控制规则 $RULE_{AO}$，可知对 AO 中的属性 S 进行授权操作的前提是需要 AS 提供自由属性集 $\{C_1,C_6\}$ 或者 $\{C_3,C_4\}$。而在访问主体属性集 ATB_{AS} 中，C_1，$C_3 \in M_{Instance}^{locked}$，$C_6=\bot$，只有 $C_4 \in M_{Instance}^{free}$ 可以暴露给 AO。因此，还需要根据 AS 的访问控制规则 $RULE_{AS}$ 对 C_3 的解锁操作对前提条件进行判断。这个过程构成了资源间属性的协商，直到最终能够满足 AS 要访问的资源 S 所要求的访问控制授权操作的前提条件。对于本场景中的所有可能的属性协商过程可以用如图 6.2 所示

的属性协商暴露树结构描述。

　　根据双方协商的访问控制策略，得到的属性协商暴露树是协商过程中可能出现的所有授权动作的迹。在暴露树结构中从根节点到叶子节点的一条路径，组成了一个可能的暴露序列。根据 AS 和 AS 所具有的属性集，属性暴露序列存在着不同的类型，包括可实现的协商序列，存在循环依赖的协商序列和无法完成的协商序列。通过对这些可能存在的类型进行判断，可以提高属性协商效率，避免不必要的协商失败和循环依赖情况。

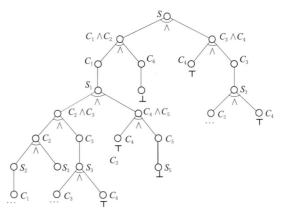

图 6.2　属性协商暴露树结构

6.3.3.2　推理问题

　　利用时序动态描述逻辑语法和语义能够对带时间特性的授权动作进行描述。通过引入的时序逻辑算子和路径量词，能够对一个授权序列中的可达性问题和安全性问题进行推理和验证。在文献［93］中对动态描述逻辑的推理问题进行了分析和描述，利用动态描述逻辑把动作推理问题归结为可执行问题、投影问题和规划问题。对于可执行问题主要是一个动作是否满足其前件公式描述。比如，在上面的例子中协商过程的某一个状态，存在一个公式描述 $\langle\alpha\rangle\top$，其中 α 是资源 S 被授权的操作动作。直观含义是授权动作 α 是可实现的，如定义 6.8 所示。投影问题主要是针对可实现的动作后果集的公式描述。比如，公式 $[\alpha]S$ 表述的是只要授权动作 α 完成，资源 S 就可以释放授权访问权限，相应访问请求方的资源请求。这个公式表明在协商过程的某一个状态下具有的投影性质。如果对于动作 α 来说上面的两个公式都满足，则称动作 α 是协商过程中某一个状态下实现对 S 进行资源授权的一个规划。而根据协商可能的属性暴露树，可以看出每一个从叶子节点到根节点的路径都是 S 的一个规划，比如，$\alpha_{S_3,C_4}+\alpha_{S_3,C_3}$；$\alpha_{C_3,S_3}$；$\alpha_{C_4,\top}$；$S$ 是关于资源 S 授权的一个规划。对于这些推理问题，动作理论可以将其转化为验证动作相对于 $ACTBOX$ **ACT** 的可满足性问题，通过可满足性验证算法可以在有限的时间内对这些问题求解。

　　动态描述逻辑能够表达授权动作与实例公式之间的关系，并利用可满足性验证对这些关系进行可执行性，投影性质和规划可满足性质进行验证。但是对于协商过程中存在的协商序列存在性和安全性无法进行描述。时序 DDL 的引入可以对这些问题进行有效的刻画。利用路径量词 $\exists$，$\forall$ 和时序逻辑算子 $\varphi U^\pi\psi$，$F^\pi\psi$ 等，可以对协商过程根据目前状态所拥有的公式对协商可达性和循环依赖问题进行推理和预测。比如，利用公式 $\exists F^{\pi[i]}\alpha_{C_3,S_3}$ 表示在协商过程中存在将来的某个状态 S_3 可以对 C_3 进行解锁操作；公式 $\exists(\neg S_1 U^{\pi[i]}(C_4\wedge C_5))$ 表示对于属性 S_1 来说，协商过程中存在某一状态 S_1 公式 $C_4\wedge C_5$ 成立，而在此之前 S_1 无法被解锁。利用这些带有时序算子的动态描述逻辑来表达，可以对资源 S 是否存在可以授权的协商序列进行可达性和安全性推理。

　　对于时序 DDL 描述的推理问题，可以通过验证 DDL 中动作前提公式的可满足性来实现。协商双方所具有的属性集构成了协商授权动作前提公式集。对于协商序列存在对 S 的授权动作迹，其中每个状态的授权动作都可以被前提公式集满足，则这个迹是可达的；否则，称授权动作迹无法达到成功协商。

6.4 基于 Tableau 方法的协商过程可满足性验证

时序 DDL 描述的属性协商过程中出现的可达性和安全性问题，可以归结为协商序列中属性公式的可满足性问题。本节通过构建授权动作的非确定性有限自动机，将协商序列中的公式描述和授权动作表示成自动机中的字符串和状态迁移。利用构建的自动机模型对协商过程中的授权动作进行监控。在此基础上，利用描述逻辑的 Tableau 判定规则[94]，对状态自动机中的每个字符串输入和可能的动作迁移进行可满足性验证，进而验证属性协商过程中可能出现的可达性和安全性问题。

6.4.1 授权动作到有限状态自动机

为了更好地对授权动作的时序性进行描述，根据动态描述逻辑描述的授权动作序列，构建授权动作非确实性有限自动机模型。这个模型的节点表示属性协商过程中授权动作迹上的一个状态。有向边表示一个满足授权动作前提条件公式引发的动作迁移。每个状态的原子公式构成了自动机的字符串集。协商过程中的原子授权动作和复杂授权动作都可以转换到状态自动机模型中。

定义 6.10 公式字符串 （Formula String，$FS(\alpha)$）：令 $\sum_a$ 表示授权动作 α 中包含的原子动作和复杂动作集合，其中每一个元素表示一个字符。公式字符串 $FS(\alpha)$ 是由多个字符按照以下规则构造的：

（1）如果 α 是原子动作，则 $FS(\alpha)=\{\alpha\}$。

（2）如果原子动作组成 $\alpha;\beta$ 结构，则 $FS(\alpha;\beta)=\{fs_1 fs_2, fs_1 \in FS(\alpha), fs_2 \in FS(\beta)\}$。

（3）如果原子动作组成 $\alpha \bigcup \beta$ 结构，则 $FS(\alpha \bigcup \beta)=FS(\alpha) \bigcup FS(\beta)$。

（4）如果原子动作组成 α^* 结构，则 $FS(\alpha^*)=FS(\alpha^0) \bigcup FS(\alpha^1) \bigcup FS(\alpha^2) \bigcup \cdots$，其中 $FS(\alpha^0)$ 表示空串，对任意公式字符串有 $FS(\alpha^i)=FS(\alpha^{i-1};\alpha), i \geqslant 1$。

定义 6.11 授权动作状态自动机 （$\alpha-NFA, A$）：$A=\{Q, \sum_a, \sigma, q^{\pi[0]}, F\}$ 表示有属性协商序列中的授权动作组成的 NFA，其中 Q 表示授权协商过程有穷状态集，$\sum_a$ 上是 NFA 的输入公式字符集，α 表示授权动作迁移函数 $\sigma: Q \times \sum_a \rightarrow 2^Q$，$q^{\pi[0]}$ 表示状态机模型在迹为 $\pi[0]$ 时的状态，即初始状态，$F \subseteq Q$ 表示自动机终止状态。

对于协商序列中的授权动作可以利用上面定义的自动机模型来表示。比如，6.3.3.1 小节示例中存在的一条授权动作迹 $AO_1^{\pi[0]};AS_3^{\pi[1]};AO_4^{\pi[2]};AS_4^{\pi[3]}$，授权动作状态自动机模型可以表述为 $A=\{Q, \sum_a, \sigma, q_0, F\}$，其中 $Q=\{q_0, q_1, q_2, q_3, q_4\}$，$\sum_a=\{RULE_{AS} \bigcup RULE_{AO}\}$，$\sigma(q_0, AO_1^{\pi[0]})=q_1$，$\sigma(q_1, AS_3^{\pi[1]})=q_2$，$\sigma(q_2, AO_4^{\pi[2]})=q_3$，$\sigma(q_3, AS_4^{\pi[3]})=q_4$，$q_4=F$。利用构建的自动机模型，可以对 Tableau 算法在执行扩展过程中跟踪授权动作迹上每一个动作的状态。

6.4.2 协商过程 Tableau 判定算法

协商序列所组成的状态自动机模型组成了一个有向图结构。整个协商过程中的性质可以利用 NFA 结构对公式可满足性进行检查。

6.4.2.1 基本思想

属性协商过程的 Tableau 判定算法主要包括三个阶段：当前状态可满足性检查、状态扩展和不饱和状态消去。当前状态可满足性检查阶段主要是针对协商过程中的引入的实例是否满足 $TBOX$ $\mathbf{T}$ 和 $ABOX$ $\mathbf{A}$；状态扩展阶段是根据饱和状态后续节点情况，对 NFA 进行扩展，以便检查下一个可达状态的性质；不饱和状态消去阶段主要是根据 Tableau 规则和可满足性检查，对 NFA 中存在的不饱和节点和不满足要求的节点进行删除和消去操作。在经过消去阶段的 NFA 节点集中判定是否为空集，如果非空则说明验证公式在协商过程中是可满足的；否则不可满足。

6.4.2.2 当前状态集扩展与构建

当前状态可满足性检查是对公式在 NFA 中的当前状态是否存在冲突和不满足的情况进行验证。根据当前状态所具有的属性公式集，构建公式的 Hinitikka 集。

定义 6.12 公式 φ 的 Hinitikka 集（h）：对于描述时序 DDL 性质的任一公式 φ_1，φ_2，如果存在集合 h 满足如下条件，则称其为公式 φ 的 Hinitikka 集。

(1) h 中的所有子公式都在 $TBOX$ $\mathbf{T}$ 中存在解释子模型。

(2) 如果 $\varphi_1 \in h$，则必然存在 $\neg\varphi_1 \notin h$。

(3) 如果 $\neg\neg\varphi_1 \in h$，则必然存在 $\varphi_1 \in h$。

(4) 如果 $\varphi_1 \wedge \varphi_2$，则必然存在 $\varphi_1 \in h$ 且 $\varphi_2 \in h$。

(5) 如果 $\varphi_1 \vee \varphi_2$，则必然存在 $\varphi_1 \in h$ 或者 $\varphi_2 \in h$。

(6) 如果 $\neg X\varphi_1 \in h$，则必然存在 $X\neg\varphi_1 \in h$。

(7) 如果 $\varphi_1 U\varphi_2 \in h$，则必然存在 $\varphi_2 \in h$ 或者 $\{\varphi_1, X(\varphi_1 U\varphi_2)\} \subseteq h$。

在当前状态构建的公式 φ Hinitikka 集 h 的基础上，通过当前状态扩展规则构建最小完全扩展集 H_{min}。构建方法见算法 6.4。在公式集 Γ 中，对于每一个公式 φ 的 Hinitikka 集（h_φ），首先需要判断其满足 $TBOX$ $\mathbf{T}$，$ABOX$ $\mathbf{A}$。如果 φ 在当前状态公式集中不存在冲突，则将其加入 H_{min} 中。而对于 H_{min} 中的每一个 Hinitikka 集 h，如果不是关于 φ 的 h，则利用 Tableau 规则对其进行扩展，得到满足要求的 h'。最后对于扩展后的 Hinitikka 集 h' 中的公式 φ_1 判断其若不存在冲突，则将其加入到 H_{min} 中。这个过程不断反复直到 H_{min} 无法扩展，返回构建完成的最小完全扩展集 H_{min}。

算法 6.1 H_{min} 构造算法。

输入：公式集 Γ。

输出：当前状态最小完全扩展集 $H_{min}(\Gamma)$。

1：$H_{min}(\Gamma) = \varnothing$；

2：LOOP：

3：FOREACH $\varphi \in \Gamma$ $\exists M_{Instance}^{\varphi}$ in $TBOX$ $\mathbf{T}$, $ABOX$ $\mathbf{A}$

4：   IF $\varphi \in \Gamma$ **AND** $\neg\varphi \notin \Gamma$ THEN

5： $H_{min}(\Gamma) = H_{min}(\Gamma) \bigcup \Gamma$；

6：   ENDIF

7：ENDFOREACH

8：FOREACH $h \in H_{\min}(\Gamma)$
9：　　IF $\exists h \neq h_\varphi$ THEN
10：　　　replace h by Tableau Rules;
11：　　　$h' = \{h_1, h_2\}$;
12：　　ENDIF
13：ENDFOREACH
14：FOREACH $\varphi_1 \in h'$, $h' \notin H_{\min}(\Gamma)$
15：　　IF $\varphi_1 \in h'$ AND $\neg \varphi_1 \notin h'$ THEN
16：　　　$H_{\min}(\Gamma) = H_{\min}(\Gamma) \bigcup \Gamma$;
17：　　ENDIF
18：ENDFOREACH
19：DO LOOP UNTIL $H_{\min}(\Gamma)$ is stable;
20：RETURN $H_{\min}(\Gamma)$

6.4.2.3　Tableau 扩展规则

Tableau 扩展规则是用来对当前状态不饱和节点中公式集进行扩展和后续节点的生成。对于动态描述逻辑的公式描述扩展规则和第 5 章中的介绍相同。这里只对带有时序算子的时态公式描述扩展规则进行表述。对于扩展集 εS 来说，如果存在如下规则的公式描述则可以对其进行扩展。

X 规则：如果 $X\varphi_1 \in \varepsilon S$ 并且 $X\varphi_1 \notin \varepsilon S$，则令 $\varepsilon S = \varepsilon S \bigcup \{X\varphi_1\}$。

¬X 规则：如果 $\neg X\varphi_1 \in \varepsilon S$ 并且 $X \neg \varphi_1 \notin \varepsilon S$，则令 $\varepsilon S = \varepsilon S \bigcup \{X \neg \varphi_1\}$。

U 规则：如果 $\varphi_1 U \varphi_2 \in \varepsilon S$ 并且 $\varphi_2 \notin \varepsilon S$，则令 $\varepsilon S = \varepsilon S \bigcup \{\varphi_2\}$；如果 $\varphi_1 U \varphi_2 \in \varepsilon S$ 并且 $\{\varphi_1, X(\varphi_1 U \varphi_2)\} \nsubseteq \varepsilon S$，则令 $\varepsilon S = \varepsilon S \bigcup \{X(\varphi_1 U \varphi_2)\}$。

¬U 规则：如果 $\neg(\varphi_1 U \varphi_2) \in \varepsilon S$ 并且 $\{\neg \varphi_1, \neg \varphi_2\} \nsubseteq \varepsilon S$，则令 $\varepsilon S = \varepsilon S \bigcup \{\neg \varphi_1, \neg \varphi_2\}$；如果 $\neg(\varphi_1 U \varphi_2) \in \varepsilon S$ 并且 $\{\neg \varphi_2, \neg X(\varphi_1 U \varphi_2)\} \nsubseteq \varepsilon S$，则令 $\varepsilon S = \varepsilon S \bigcup \{\neg \varphi_2, \neg X(\varphi_1 U \varphi_2)\}$。

6.4.2.4　Tableau 判定算法

经过对当前状态 Hinitikka 集的规则扩展，得到的最小完全扩展集 $H_{\min}$ 是进行公式 φ 可满足验证的基础。Tableau 判定算法主要是利用给定的关于 φ 的 $H_{\min}$，来验证是否能够构建 Tableau 结构。利用之前定义的状态自动机 A 能够描述 Tableau 结构。

定义 6.13　对于任一公式 φ，如果存在某个状态自动机模型 A 满足如下条件，则称 A 是公式 φ 的一个 Tableau 结构。

(1) 对于每个状态 $q \in Q$ 都是公式 φ 的一个 Hinttikka 集。

(2) 存在状态 $q_0 \in Q$，使得 $\varphi \in q_0$。

(3) 对于 A 中的所有状态 $q \in Q$，都至少存在一个 $q' \in Q$，使得 $\sigma(q, \alpha) = q'$，$\alpha \in \sum_\alpha$。

(4) 对于任意一个 $\sigma(q, \alpha) = q'$，如果存在集合 $\Gamma = \{\psi | X\psi \in q\}$，则必然存在 $\Gamma \subseteq q'$。

(5) 对于 A 中的任意状态 $q \in Q$，如果存在 $\varphi_1 U \varphi_2 \in q$，则存在某条授权动作的迹 $\pi[0]$，$\pi[1]$，$\pi[2]$，…，$\pi[k](k \geqslant 0)$，$q = q_0$ 对于任一 $0 \leqslant i \leqslant k$ 都有 $\varphi_1 U \varphi_2 \in q_i$ 和 $\varphi_1 \in q_i$，同时有 $\varphi_1 U \varphi_2 \in q_k$ 和 $\varphi_2 \in q_k$。

(6) 对于 A 中的任意状态 $q \in Q$，如果存在 $\varphi_1 U \varphi_2 \in q$，则对于任一授权动作可能的迹

$\pi[0]$，$\pi[1]$，$\pi[2]$，$\cdots$，$\pi[k](k\geqslant 0)$来说，如果 $q=q_0$，对于任一 $0\leqslant i\leqslant k$ 都有 $\varphi_2\notin q_i$，则对于任一 $0\leqslant i\leqslant k$ 来说，都有 $\{\varphi_1 U\varphi_2,\varphi_1,X(\varphi_1 U\varphi_2)\}\subseteq q_i$。

判定算法见算法 6.2。整个算法分为两个部分，第一部分是根据属性公式集对当前状态进行扩展。在这里引入了饱和节点标签↑和不饱和节点标签↓，分别表示当前节点是否存在可扩展的公式。对于不饱和节点，根据 Algorithm 4 对状态中出现的属性公式集进行扩展，生成最小完全扩展集 $H_{\min}(\Sigma)$，并将其构造成新的状态节点 q'。将新构造的节点（q'，↑）置于当前节点 q 的后置节点。而对于饱和节点，则根据访问控制规则集 Σ_{RULE} 中的描述，生成新的状态节点。通过构造状态节点 $\Sigma=\{\varphi_1\mid X\varphi_1\in q\}$，将公式扩展到下一个状态集中，将其置于当前状态的后置节点。第二部分是根据扩展构建的状态机结构进行删减操作。遍历自动机所有的状态节点，对于所有不饱和节点直接删除，其后继节点置于前驱节点的 σ 中；对于饱和节点，如果存在可能性断言 $\varphi_1 U\varphi_2$ 在 q 状态没有被实现，则删除 q 状态，其后继节点置于前驱节点的 σ 中。根据对状态机中状态集合的非空判断验证公式 φ 在时序 DDL 中是否能够被满足。

算法 6.2　协商序列公式可满足性判定算法。

输入：属性公式集 Q，↑│↓，访问控制规则集 Σ_{RULE}，验证公式 $\varphi\in\Gamma$。

输出：当前状态最小完全扩展集 $H_{\min}(\Gamma)$。

```
1: q_0 = {((\{\varphi\},\downarrow),\sigma=\phi};
2: LOOP:
3:   IF {q,\downarrow}==TRUE THEN
4:       Extend q to be H_min(\Sigma) by 算法 6.1;
5:       FOR 1≤i≤|H_min(\Sigma)|
6:           q'={h_i∈H_min(\Sigma),\uparrow}σ_q=q';
7:       ENDFOR
8: ELSE \Sigma={\varphi_1|X\varphi∈q};
9:       q'={(\Gamma,\uparrow)}σ_q=q';
10: ENDIF
11: DO LOOP UNTIL {q,\downarrow}==FALSE
12: FOREACH q∈Q
13:       IF {q,\downarrow}==TRUE THEN
14:           delete q;
15:       ELSEIF ∃\varphi_1 U\varphi_2∈q AND (M,q)⊢\varphi_1 U\varphi_2 THEN
16:           delete q;
17:       ENDIF
18:       ENDIF
19: ENDFOREACH
20: IF A=\phi THEN
21:       RETURN TRUE;
22: ELSE RETURN FALSE;
```

6.4.3　算法性质

算法 6.2 的算法复杂度与属性状态集和访问控制规则集的空间有关。在通过扩展规则对状态机中的当前状态进行扩展的过程中，需要调用算法 6.1。在算法中，对于在每个公式集 Γ 中的公式 φ 的遍历过程与公式集 Γ 中的公式呈线性关系。构造的 H_{min} 中的子集遍历过程与 H_{min} 集中的子集呈线性关系，也即与公式集 Γ 呈线性关系。对于其中使用的时序算子扩展规则的可判定性，在文献 [94] 中给出了证明。因此，对于当前状态的扩展过程是可以判定的，最多在指数时间内完成。在对节点构造过程中（行 8、行 9）的饱和节点扩展可以在有限时间内完成。而不饱和节点的扩展时间（行 5、行 7）与生成的 H_{min} 的子集数量有关。这些过程都可以在指数时间内完成。在消去操作过程中（行 12、行 19）主要时间开销来自于对生成的状态集中节点的遍历。对于节点扩展过程在 $\langle q, \downarrow \rangle == FALSE$ 时结束，因此是可以判定的。所以消去操作可以在有限时间内完成，时间复杂度与生成的状态机呈线性关系。综上所述，可以得到算法的可判定性质。

定理 6.1　对于公式 $\varphi \in \Gamma$ 在协商序列中的可满足性验证算法 6.2 是可判定的，至多在指数时间内能够完成。

算法 6.2 的基本思路是利用当前状态节点扩展的最小完全扩展集 H_{min} 来构建一个关于 φ 的 Tableau 结构。如果存在这样的结构，则表示公式 φ 是可满足的。

定理 6.2　对于任一公式 φ，如果算法 6.2 返回 TRUE，则 φ 是可满足的。

证明：如果算法 6.2 返回 TRUE，则说明存在一个关于 φ 的 Tableau 结构。利用状态自动机构建的 Tableau 结构，可以对 φ 的可满足性进行验证。对于任一状态节点作为 q_0，首先，由于 q_0 是 φ 的一个 Hinitikka 集，则在 q_0 状态下，φ 在知识库中存在一个可满足的解释，且不存在关于知识库的不一致问题。其次，如果当前状态无法满足 φ，则必然存在当前节点的某一后继状态节点 q_i，$i > 0$。对于任意的状态节点 $q, q' \in Q$ 而言，存在 $\varphi_1 U \varphi \in q$ 且 $\varphi \in q'$。在状态 q, q' 之间存在一条授权动作迹 $\pi[i], \pi[i+1], \cdots, \pi[j]$，对于状态 q_k，$i < k < j$ 都有 $\varphi_1 U \varphi \in q_k$ 且 $\varphi_1 \in q_k$。同时有 $\varphi_1 U \varphi \in q_j$ 且 $\varphi \in q_j$。因此，φ 可以在构造的 Tableau 结构中找到满足的某一节点。综上所述，如果存在关于 φ 的 Tableau 结构，则 φ 是可满足的。

6.5　本　章　小　结

本章在研究云服务资源属性协商机制的基础上，利用基于时序 DDL 的属性协商形式化描述模型，对属性协商序列进行建模。对协商过程中的协商可达性问题和属性循环依赖问题进行了分析，将这些问题归结为时序 DDL 公式的可满足性问题。利用授权过程中授权动作的迹来描述授权序列，利用迹上的公式来描述信任验证双方的协商属性和规则状态。利用扩展的 Tableau 规则来描述时序算子的公式扩展规则。将属性协商过程中的问题规约到基于时序的 DDL 不可满足性问题上，设计了基于扩展 Tableau 规则的可满足性验证算法。通过算法形式的分析，证明了算法的可靠性和可判定性。

第7章

传统数据隐私保护方法在云存储数据中的应用

在研究传统的数据隐私保护机制的基础上，分析和比较分布式云服务部署环境下，数据处理效率与安全性能。从数据保护安全强度、数据特征匿名程度、分布式服务部署特点和大规模数据分析特点等方面，对这几种隐私保护机制进行对比。通过比对，发现不同隐私保护机制在云存储数据在数据处理有效性和安全性上的表现。

7.1 数据隐私保护机制

在现实生活中，有很多机构需要定期对外发布数据。例如，医院定期发布医疗统计数据，上市公司定期发布财务报表，等等。近年来，随着信息技术，特别是网络技术、数据存储技术和高性能处理器技术的飞速发展，海量数据的收集、发布和分析变得越来越方便。但与此同时，也给数据的隐私带来了威胁。例如，通过对医院病人电子病历数据的挖掘，可以发现各种疾病之间的关联。但在挖掘过程中，不可避免地会使病例数据暴露，从而可能造成病人疾病隐私的泄露。Sweeney 在文献［96］中指出，通过 Zipcode、Sex、Data of Birth 等属性对选民登记表和隐匿了个体标识的医疗信息表进行连接操作，超过87％的美国公民的身份都可以被唯一标识。因此，如何解决数据发布过程中可能存在的隐私泄露问题，已经成为当前数据管理、数据挖掘和信息共享领域的一个研究热点，并由此催生了一个新的研究领域——海量数据的隐私保护。作为新兴的研究热点，海量数据的隐私保护技术研究一直受到学术界和应用界的关注与重视，先后出现了数据扰乱[97]、数据加密[98-100]、数据匿名[101]等隐私保护技术。数据扰乱是一种数据失真的技术，其主要通过添加噪声的方式对原始数据进行随机扰动，使敏感数据失真，但扰动过程保持数据的统计不变性，以便可继续对其进行统计分析等操作。数据加密技术应用在数据隐私保护方面是采用合适的密码学方法对数据进行处理，通过对数据的加密和密钥的管理来保障数据隐私。具体方法包括硬件方法和密码学的软件方法。

数据匿名是为了防止连接攻击，采用对数据表中的准标识符进行匿名化处理，得到的新的符合应用需求和安全需求的匿名化数据表，使得新表中的多条记录在标识符上取值相同，进而达到满足要求的数据隐私保护。

本章将重点阐述采用数据扰乱技术的差分隐私数据发布；基于数据加密的技术通过隐藏敏感数据的方式保护隐私，虽能保证最终数据的准确性和安全性，但因计算开销太大而较少应用于数据发布中的隐私保护；以 k - 匿名模型[96,101-103]为基础的数据匿名发布技术由于能保证所发布数据的真实性和安全性而得到学术界的广泛关注和研究[104,105]。本章重点阐述基于匿名模型的隐私保护数据发布，下面首先介绍匿名隐私保护模型、数据匿名化操作、匿名发布数据质量度量等基于匿名模型的隐私保护数据发布的相关基础知识，然后简要介绍当前匿名隐私保护的主要研究方向以及未来隐私保护数据发布的研究热点。

7.2　匿名隐私保护模型

下面介绍以关系型数据表为例进行匿名数据隐私保护的相关基础知识。在关系型数据中，表是列属性和行元组的一系列数据元素的集合。基于隐私考虑，在待发布数据表 T 中，属性可分成以下 4 类。

（1）显示标识符（Identifier，ID）：能够唯一确定一个元组（一条用户记录），它（们）在数据发布前必须被删除。可以理解为表中的每一个元组唯一对应一个用户记录。

（2）准标识符（Quasi - Identifier，QI）：能够结合其他外部信息、以较高概率识别出目标所对应记录的最小属性集合。例如，在文献［96］中由 Zipcode、Sex、Data of Birth 构成的属性集合就是准标识符。事实上，不同的攻击者，根据其背景知识会拥有不同的准标识符。本书采取通常的做法，假设每张表的准标识符是确定的。

（3）敏感属性（Sensitive Attributes，SA）：需要保护的信息。例如，医疗、收入和 DNA 信息等。但它一般无法预先获知，也无法唯一确定一个用户记录。

（4）非敏感属性（Non - Sensitive Attributes，NSA）：不属于以上三类的其他属性，一般可直接发布。在数据发布中，所谓隐私保护是指隐藏数据持有者的个人身份信息与敏感属性信息。出于数据分析的需要，通常需要保留数据表中的敏感信息。因此，一般只删除记录所有者的显示标识符。然而，Sweeney 在文献［96］中指出，即使删除所有的显示标识符，也无法保护记录所有者的隐私，因为恶意攻击者可根据其拥有的背景知识，通过发布数据的准标识符 QI 与一些公开发布数据表进行连接，从而准确识别出某一记录的显示标识符与敏感信息，从而导致隐私泄露。为了防止这种连接攻击（Linking Attack），数据持有者通常采取对数据表 T 中的 QI 进行匿名处理，得到匿名化的数据表 $T'(QI', SA, NSA)$，使得 T' 中多条记录关于 QI' 的取值相同，从而使恶意攻击者在连接时无法识别出 QI 值对应的具体记录。

7.2.1　k - 匿名模型

若用 $T(Q_1, Q_2, \cdots, Q_d, S, S_2, \cdots, S_m)$ 来描述一张待发布的数据表，简称为 $T(d)$。其中，d 是准标识符的个数，m 是敏感属性的个数。因为非敏感属性可直接发布，所以在以下讨论中将该部分属性略去。

k-匿名机制要求表中的每一条记录至少和其他 $k-1$ 条记录在准标识符 QI 上相一致。令 $\prod_{Qi}(T)$ 为表 $T(d)$ 以在属性集合 QI 上的投影，表 $T(d)$ 在属性集合 QI 下满足 k-匿名，当且仅当 $\prod_{Qi}(T)$ 中的任意一条记录都至少重复出现 k 次。在 $\prod$ 运算符下，有相同 QI 值的所有记录组成一个匿名组。对于给定的如每一个这样的匿名组可以称为一个 k-匿名组或 QI-组，也可称为一个等价类。

许多匿名化技术可使发布数据达到 k-匿名的安全要求。在这些技术中，概化[103]与抑制[103]是其中最常使用的两种技术。所谓概化是指对数据进行更概括、更抽象的描述；而抑制则是指不发布某些数据项。两者相比，前者一般可以产生更加安全的数据，即便攻击者已经知道攻击目标肯定在某个已发布的数据表中，概化技术所产生的数据依然有安全性上的优势它将每条原始记录的某些属性值替换为一个更一般但语义上相关的值，从而达到隐藏信息的目的。例如，"画家"可以被替换成为"艺术家"，一个确定的数字可以被替换成为一个区间段。

表 7.1 是一张原始的医疗数据表，表 7.2 是利用概化技术对表 7.1 进行匿名处理后得到的一张 2-匿名表。

表 7.1　　　　　　　　　　　**医 疗 数 据 表**

姓　　名	年　　龄	邮政编码	所患疾病
Linda	20	101	H1N1
Bill	20	103	HIV
Sam	30	102	FLU
Sarah	40	102	Pneumonia
Mary	50	101	HBV
Jacky	50	103	HIV

表 7.2　　　　　　　　　　**表 7.1 的 一 种 形 式**

年　　龄	邮政编码	所患疾病
≥20	[101 − 103]	H1N1
≥20	[101 − 103]	HIV
≥30	102	FLU
≥30	102	Pneumonia
≥50	[101 − 103]	HBV
≥50	[101 − 103]	HIV

7.2.2　l-多样性模型

k-匿名模型并非总能保证个人隐私安全，在某些情况下，k-匿名化的数据集中仍然可能存在两种类型的隐私泄露攻击[106]：同质攻击和背景知识攻击。

同质攻击是指在 k-匿名化的数据表中，某个 k-匿名组内所有记录对应的敏感属性值也完全相同，在这种情况下，虽然 k-匿名化使得攻击者无法识别出某一具体个体的隐私信息，但是由于敏感属性值的同质性，攻击者可以容易获知某些记录所对应个体的隐私信息，从而导致隐私泄露。背景知识攻击是指在 k-匿名化的数据表中，k-匿名组内记录对应的敏感属性值不完全相同，但攻击者可利用其拥有的背景知识以高概率推断出某些记录所对应个体的隐私信息，从而导致隐私泄露。

为了克服 k-匿名模型的缺陷，Machanavajjhala 等提出一个增强的 k-匿名模型——l-多样性（l-diversity）模型[106]。l-多样性原则要求发布数据表中每个在匿名组至少含有

1 种不同的敏感属性值,这样,攻击者推断出某一记录隐私信息的概率将低于 $1/l$。例如,表 7.2 发布的数据中每 2 个匿名组都含有 2 个不同的敏感属性值,因此也是满足 2 - 多样性的。另外,文献 [106] 还给出了多样性的另外两种形式。

1. 熵 l - 多样性

发布数据 T' 满足熵 l - 多样性当且仅当 T' 中的每一个 QI - 组 Q 均满足如下公式:

$$- \sum_{s \in S} p(Q, s) \times \lg(p(Q, s)) > \lg(l) \tag{7.1}$$

其中,$p(Q, s)$ 表示 Q 中敏感属性值为 s 的记录所占的比例。

从式 (7.1) 可以看出,Q 中的敏感属性值分布越均匀,熵值就越大,攻击者通过同质攻击或背景知识攻击获取记录所有者敏感属性值的概率就越低。

2. 递归 (c, l) - 多样性

发布数据 T' 满足递归 (c, l) - 多样性当且仅当 T' 中的每一个 QI - 组 Q 均满足式 (7.2):

$$r_1 < c(r_1 + r_{i+1} + \cdots + r_m) \tag{7.2}$$

7.2.3　t - Closeness

Li 等在文献 [107] 中指出,l - 多样性模型不能有效防止相似性攻击,也就是恶意攻击者可根据每个 QI - 组的敏感属性值具有的语义相似性,推测出记录所有者的敏感信息,因此提出 t - Closeness 准则[107],该准则要求敏感属性值在每个 QI - 组中的分布和在原始数据集中的分布之间的差值不得超过阈值 t,并利用 Earth Mover Distance (EMD)[108] 来衡量两个分布之间的差值,分别对分类型数据和数值型数据给出了具体的计算公式。

除了以上三个模型外,研究者根据不同的隐私保护问题背景,还提出了若干以 k - 匿名为基础的隐私保护模型。例如,(a, k) - 匿名[109],(k, e) - 匿名[110],(ε, m) - 匿名[111],(X, Y) - Privacy[112],δ - Presence[113],等等。

7.3　数据质量度量

为了衡量匿名发布数据的可用性,研究者们提出了若干面向匿名化数据的度量函数。一个度量函数往往从某个角度来考察匿名化数据的质量。根据某个度量函数而设计的算法,一般能够在该度量函数下达到最优或理想的效果。根据以往的文献,最常见的度量函数如下所述。

1. 可辨别度量 (DM)[114]

对于给定的数据表 T,假设经过处理后最后的发布数据为 $T'(P_1, P_2, \cdots, P_m)$,其中 P_1,P_2,$\cdots$,P_m 为其 m 个匿名分组。则数据表 T 相对于原表 T 来说,可辨别度量值用如下函数表示:

$$DM(T') = \sum_{1 \leqslant i \leqslant m} |P_i|^2 \tag{7.3}$$

公式的含义是计算所有匿名分组大小的平方值的总和。度量值数值越小,说明所得到的匿名分组的信息损失总体上越小,所得到的发布数据的数据质量越高。

2. 分类度量（CM）[114]

分类度量首先需要用某种准则将整个原始数据表格的记录分成两个集合。对于给定的数据表 T。假设经过处理后最后的发布数据为 $T'(P_1，P_2，\cdots，P_m)$，其中 $P_1，P_2，\cdots，P_m$ 为其 m 个匿名分组。每个 $P_i(1 \leqslant i \leqslant m)$ 中记录也分别分属于两个集合。其中，数量较多的记为 majority(P_i)，而数量较少的记为 minority(P_i)，则根据 CM 度量函数，分类度量值用如下公式表示：

$$CM(T') = \sum_{1 \leqslant i \leqslant m} |\text{minority}(Pi)| \tag{7.4}$$

3. 归一化确定性补偿（NCP）[115]

对于给定的数据表 T，假设经过处理后最后的发布数据为 $T'(t_1，t_2，\cdots，t_n)$，其中 $t_1，t_2，\cdots，t_n$ 为其 n 条记录。假设 T' 有 d 个 QI 属性，若第 j 个属性 A_j 为数值型属性，假设 t_i 的第 j 个属性的值为 $[y_{ij}，z_{ij}]$，则数据项 t_i 在属性 A_j 上的 NCP 值表示为

$$NCP(t_{ij}) = \frac{|z_{ij} - y_{ij}|}{|A_j|} \tag{7.5}$$

其中，$|A_j|$ 表示属性 A_j 的属性域的大小。

若第 j 个属性 A_j 为非数值型属性，假设 t_i 的第 j 个属性的值为 X_{ij}，则数据项 t_i 在属性 A_j 上的 NCP 值表示为

$$NCP(t_{ij}) = \frac{|X_{ij}|}{|A_j|} \tag{7.6}$$

其中，$|A_j|$ 表示属性 A_j 的属性域的大小；$|X_{ij}|$ 表示 X_{ij} 在语义树上所包含的叶子节点的数量。

从而，第 i 条记录 t_i 的 NCP 值表示为

$$NCP(t_i) = \sum_{1 \leqslant j \leqslant d} NCP(t_{ij}) \tag{7.7}$$

则整个发布后的表格的 NCP 值表示为

$$NCP(T') = \sum_{1 \leqslant i \leqslant n} NCP(t_i) \tag{7.8}$$

7.4 匿名隐私保护的主要研究方向

文献 [104]、[105] 已先后对匿名隐私保护领域的研究进行了总结与综述。根据发布数据的结构类型，可将现有基于匿名模型的隐私保护数据发布分为关系型数据发布的隐私保护和非关系型数据发布的隐私保护。

1. 关系型数据发布的隐私保护

关系型数据发布的隐私保护可分为基本的隐私保护关系型数据发布和扩展背景下的隐私保护关系型数据发布。其中，基本的隐私保护关系型数据发布主要研究数据一次发布背景下的匿名隐私模型及其实现算法；扩展背景下的隐私保护关系型数据发布则是考虑数据动态发布、多视图数据发布、多敏感属性数据发布、数据水平划分、数据垂直划分等背景下的匿名隐私模型及算法设计。

2. 非关系型数据发布的隐私保护

现有关于非关系型数据发布的隐私保护研究主要包括事物型数据发布的隐私保护、社会网络数据发布的隐私保护、轨迹数据发布的隐私保护以及面向 LBS 应用的隐私保护数据发布等。

7.5 隐私保护数据发布研究展望

信息共享是信息时代的主题。当前，数据发布与数据交换已成为大数据背景下个体、公司、组织以及政府机构日常活动的一部分，隐私保护数据发布正日益成为信息共享中一个极为重要的研究方向。近年来，随着物联网、云计算、移动社交网络等新技术应用的不断涌现，数据发布中的隐私保护技术研究将面临新的挑战，还存在许多问题有待进一步研究。

1. 个性化隐私保护数据发布

现有的隐私保护方案大多针对数据持有者，然而记录所有者也有权利和义务保护自己的私有信息，为此设计有效的个性化隐私保护数据发布模型及相关算法是一个重要的研究课题。

2. 面向特定应用的隐私保护数据发布

由于数据管理、数据挖掘与信息共享在不同应用背景的数据发布形式各不相同，可能包括不同的数据表现形式、数据规模、数据更新方式、隐私保障要求等。因此，需要针对不同领域及应用，设计出符合实际要求的隐私保护数据发布模型及算法。

3. 大数据背景下的隐私保护数据发布

现有的隐私保护数据发布技术大多假设待发布数据具有相同的数据表现形式，然而在大数据背景下，待发布数据将具有大规模与高速性特征。此外，由于各类不同应用可能相互融合，从而导致待发布数据可能来自不同的数据源，具有不同的数据表现形式。因此，如何针对大数据背景，设计出有效的隐私保护数据发布技术将是一个极具挑战的研究课题。

7.6 本 章 小 结

本章对传统的数据隐私保护技术进行了综述，包括常见的 k-匿名模型、l-多样性模型和 t-近邻模型等。在此基础上，给出了数据发布过程中用于度量数据匿名化程度和数据质量的主要参数指标，包括可辨别度量指标、分类度指标和标准化确定性惩罚指标等。最后，对匿名化隐私保护机制的研究方向进行了展望。

第 8 章

基于取整划分函数的 k - 匿名隐私保护方法

在现实生活中，由于数据统计和科学研究的需要，许多研究机构或组织都会对外发布数据。如何保证所发布的数据既是可用的，又不会泄露数据中所包含的个体的隐私信息，成了当前非常热门的研究课题[116-119]。为了保护个体的隐私，显标识符（如姓名、身份证号或信用卡号）将在数据正式发布之前被删除。然而，已有的研究指出，仅仅删除显标识符不足以保障个人隐私信息的安全。因此，相关学者提出了多种针对数据发布的隐私保护机制。k - 匿名就是其中最早被提出的一种隐私保护机制[117-119]。经过多年的研究，该机制日趋成熟。由于 k - 匿名机制简单且实用，已被引入移动数据库、无线传感器网络和一些管理系统的应用中[120,121]。

满足 k - 匿名的安全要求的数据往往含有许多的匿名组，且每个匿名组内部的记录是无法区分的。在过去的研究中，研究者都考虑了如何提高满足 k - 匿名安全要求的匿名化数据集的数据质量[116,122-127]。一般的，一个最终发布的匿名化数据集中包含越多的匿名组，这个数据集的信息就越丰富；同样的，若数据集的平均匿名组规模越小，这个数据集的可用性也就越高。现有算法所产生的匿名化数据所包含的匿名组的规模在最坏情况下的上界为 $2k-1$[116-119,126,128,129]。

本章针对关系型数据库描述了一种新的 k - 匿名算法，新算法在非平凡的数据集中可以取得更低的上界；当数据集规模大于 $2k^2$ 时，新算法产生的匿名化数据中所有匿名组规模的上界为 $k+1$；而当待发布数据表足够大的时候，新算法所生成的所有匿名组的平均规模将足够趋近于 k。此外，新算法在时间复杂性方面也具有比较好的性能。

8.1 k - 匿名组规模上界

现有的 k - 匿名算法可以划分为三类：单维概化（SG）、多维概化（MG）和局部编码（LR）算法[123,125,128]。

给定表 $T(Q_1, Q_2, \cdots, Q_d, S_1, S_2, \cdots, S_m)$，简称 $T(d)$，SG 将域 $\bigcup_{1 \leqslant i \leqslant d} Q_i$ 中的每一个元素映射成一个值，MG 将笛卡儿乘积 $\prod_{1 \leqslant i \leqslant d} Q_i$ 中的每一个元素映射成一个值。SG 和 MG 均属于全局编码（GR）。与 GR 相比，LR 的限制条件比较少，它允许将 $\prod_{1 \leqslant i \leqslant d} Q_i$ 中的每一个元素映射到多个值。

一般认为，LR 比 GR 更有效也更灵活[123,125,128]。若为表 $T(d)$ 的每一个属性域定义一个顺序，则 $\prod_{1 \leqslant i \leqslant d} Q_i$，可以映射到一个多维空间中，而 $T(d)$ 的每一条记录都可以看成是该多维空间中的一个点。此时，寻找一张 k - 匿名表，等价于寻找与其对应的多维空

间中某个多维矩形区域的一个划分。在二维的情况下，这个矩形区域是一个欧几里得意义下的平面矩形；而在三维的情况下，它是一个长方体；在更高维的情况下，这样一个矩形区域在各个平面的投影都应该是一个平面矩形。综上可见，该区域应该是多维空间中能够覆盖所有记录的最小矩形区域。这样，每一个 k - 匿名组就等价于这个矩形区域中的某个划分子区域，而每个匿名组的规模就是其所对应的矩形区域内所包含的记录的总数量。文献 ［125］ 证明了如下事实：SG 和 MG 所产生的匿名化数据的最大匿名组的规模在最坏情况下是 $O(|T(d)|)$ 的，匿名组的数量在最坏情况是 1，而匿名组的平均规模在最坏情况下同样也是 $O(|T(d)|)$ 的。这是一个非常不理想的上界结论。许多之前的工作采取删除记录的方法来避免 SG 和 MG 产生过大的匿名组[117-119,123]。而对于 LR 所产生的匿名化数据，它的最大匿名组规模和匿名组平均规模在最坏情况下的上界不超过 $2k-1$。这是因为对于规模超过 $2k$ 的匿名组，LR 技术总能将它们划分成为两个更小的 k - 匿名组。然而，现有的研究所提出的匿名算法的最坏上界要么不优于 $2k-1$，要么缺乏对匿名算法最坏上界的有效分析。本章在之前研究的基础上，介绍一种新的算法，改善最坏情况下最大匿名组的上界以及匿名组平均规模的上界，从而达到提高数据质量的目的。

8.2　基于取整划分函数的 k - 匿名算法

现有的许多 k - 匿名算法都采用基于分治策略的概化技术[116,122,125,129,131]。对于一张表 $T(d)$，不妨假设 Ω 是其对应的多维空间中能覆盖所有记录的最小的多维矩形区域。一种有效的基于分治策略和概化技术的 k - 匿名算法框架是：先将 Ω 划分为两个多维矩形区域；然后，再递归地将每个小区域划分为更小的子多维矩形区域，直到所得到的区域不能再被划分为更小的满足 k - 匿名安全要求的区域为止；最后，对每个子区域中的记录进行概化，使得它们具有相同的 QI 值，从而形成一个匿名组。以上划分过程被称为二划分，图 8.1 给出了二划分的基本过程。事实上，这种划分是将一个大的问题不断分解为基于一系列较小的多维矩形区域上的问题。显然，在基于 LR 技术的划分过程中，每一个所含记录总量不少于 $2k$ 的多维矩形区域总是可以继续划分。下面称那些在二划分过程中产生的匿名组（多维矩形区域）为临时匿名组。

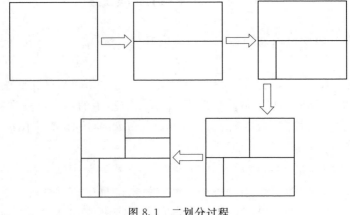

图 8.1　二划分过程

二划分过程的关键是采取什么样的策略将一个较大的临时匿名组划分为两个相对较小的匿名组。Mondrian 算法法[122]是现有文献中使用二划分的先例，该算法采用均衡策略，每次将一个大的临时匿名组划分成两个容量尽可能相等的、较小的匿名组。Mondrian 比许多基于 MG 和 SG 的算法要有效很多，它产生的匿名化数据的匿名组大小在最坏情况下不会超过 $2k-1$。Mondrian 已被作为一种算法框架成功地应用到其他的隐私保护机制上，例如 l-多样性模型[132]。

8.2.1 均衡而划分存在的问题

假设待匿名的数据表记录数为 3×2^k，并且假设目标是发布 2 匿名的数据表。那么，均衡二划分会将整个数据集表分成 2 个子数据表，记录数均为 $3\times2^{k-1}$。而后，继续对这 2 个子数据表分别进行均衡二划分，形成 4 个数据表，每个数据表的记录数都是 $3\times2^{k-2}$。依此策略，可以用数学归纳法证明，最后将得到 2^k 个 3 匿名组。而事实上，应该可以产生 $3\times2^{k-1}$ 个 2 匿名组。

例如，图 8.1 在经过映射后可以看作一个含有 6 个点的平面矩形。如果数据发布者希望图 8.1 发布后满足 2 匿名要求，则采用均衡二划分策略只能将其划分成 2 个匿名组，且每个匿名组的大小为 3，如图 8.2 所示。然而，显然可以将这个表划分成含有 3 个匿名组，每个匿名组有且仅有 2 条记录，如图 8.3 所示。

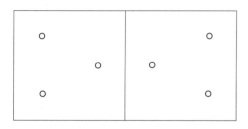

图 8.2 均衡二划分

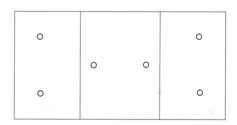

图 8.3 更好的划分方式

不难看出，Mondrian 所采用的"均衡划分"策略本质上是一种局部贪心的策略，这种策略体现了局部公平性，并不具备"全局眼光"。依此策略的划分过程，将可能减少潜在的匿名组数量。

一般的，假设表 $T(d)$ 有 $n=d\times k+r$ 条记录。其中，r 是一个比 k 小的非负数。那么表格 $T(d)$ 在理论上应该可以划分成为 d 个匿名组。若设 $T(d)$ 经若干次划分后，其中某个临时匿名组 X 的容量为 $n'=d'\times k+r'$。这里，r' 同样是一个比 k 小的非负数。如果 d' 是奇数，则均衡二划分所产生的两个更小的临时匿名组的容量将分别是 $\frac{d'-1}{2}\times k+\left\lceil\frac{r'+k}{2}\right\rceil$ 和 $\frac{d'-1}{2}\times k+\left\lfloor\frac{r'+k}{2}\right\rfloor$。而这两个子匿名组最多能够被继续划分成为共 $d'-1$ 个匿名组。因此，当 d' 为奇数时，使用均衡二划分实际上减少了潜在的匿名组数量。

8.2.2 基于取整划分函数的划分策略

不妨假设 8.2.1 小节中的临时匿名组 X 被划分成两个子匿名组 X_1 和 X_2，且其规模分别为 $\alpha_1 k+\beta_1$ 和 $\alpha_2 k+\beta_2$。很明显，$\alpha_1+\alpha_2\leqslant d'$。若希望将可能产生的匿名组数量最大

化，就必须让 $\alpha_1+\alpha_2$ 尽量大。对于上述不等式而言，等号成立的充分必要条件是 $\beta_1+\beta_2=r'$。基于此，可以设计如下的划分函数，其划分后两个匿名组的容量规模分别为

$$
\begin{cases}
X_1: \mid X_1\mid = \left\lfloor\dfrac{d'}{2}\right\rfloor k+\left\lfloor\dfrac{r'}{2}\right\rfloor \\
X_2: \mid X_2\mid = \left\lceil\dfrac{d'}{2}\right\rceil+\left\lceil\dfrac{r'}{2}\right\rceil
\end{cases}
\tag{8.1}
$$

式（8.1）即为本章算法中最为重要的划分函数，其中，开口向上的符号是下取整函数，开口向下的符号是上取整函数。下取整函数求得一个不超过给定数的最大整数，而上取整函数求得一个不小于给定数的最小整数。由此划分式能够引导产生上界更优的在匿名方案。本节将先给出算法的详细描述。

给定表格 $T(d)$，首先为 Q_i 的每个属性在其对应属性域上的取值定义一个顺序，使得每个属性 Q 的域成为有序域；接着，按照属性域的序将属性域上的所有元素一一映射到实数域中。更具体地说，对于每个 Q_i，都存在一个和它对应的实域序列 $\{q(i,1),q(i,2),\cdots,q(i,t_i),\}$。这里，$q(i,j)$ 对应着 Q_i 的域中的第 j 个元素，且 $1\leqslant i\leqslant d$，$1\leqslant j\leqslant t_i=\mid Q_i\mid$。由此所有的记录都可以看作是一个 d 维正交空间中的一个点。用 P 表示所有点所形成的集合，用 Ω 表示这样一个 d 维空间中能够覆盖 P 的最小的多维矩形区域。同时，用 $\prod_i(p)$ 表示一个点 P 在这个 d 维空间中的第 i 维上的投影。

算法 8.1　基于取整划分函数的 k–匿名算法（划分部分）

输入： 表 $T(d)$、Ω、P、k。

输出： 当前状态最小完全扩展集 $H_{\min}(\Gamma)$。

1：令 $S=\Omega$，$tmp=P$，$\mid P\mid =ak+\beta$，其中 β 是比 k 小的负数。

2：选择 Ω 的任意一维 i，并找到一个合适的正整数 j，使得 $\left|\bigcup_{p\in tmp\wedge\prod_i p\leqslant q(i,j)}\right|\geqslant\left\lceil\dfrac{\alpha}{2}\right\rceil k+\left\lceil\dfrac{\beta}{2}\right\rceil$，并且 $\left|\bigcup_{p\in tmp\wedge\prod_i p\leqslant q(i,j)}\right|\geqslant\left\lfloor\dfrac{\alpha}{2}\right\rfloor k+\left\lfloor\dfrac{\beta}{2}\right\rfloor$。

3：从 j 处将 S 划分成为两个多维矩形区域 S_1 和 S_2。

4：将 tmp 划分成为两个点集 P_1 和 P_2：$\mid P_1\mid=\left\lceil\dfrac{\alpha}{2}\right\rceil k+\left\lceil\dfrac{\beta}{2}\right\rceil$，$\mid P_2\mid=\left\lceil\dfrac{\alpha}{2}\right\rceil k+\left\lceil\dfrac{\beta}{2}\right\rceil$，并且要求对于 P_1 中的任意一个元素 p，都有 $\prod_i p\leqslant q(i,j)$；而对于 P_2 中的任意一个元素 p，都有 $\prod_i p\geqslant (i,j)$。P_1 的点属于 S_1，P_2 的点属于 S_2。

5：如果 $\mid P_1\mid\geqslant 2k$，则利用参数 S_1、P_1 和 k 继续执行。

6：如果 $\mid P_2\mid\geqslant 2k$，则利用参数 S_2、P_2 和 k 继续执行。

不妨设临时匿名组 X 的第 i 维上的投影是线段 $(q(i,x),q(i,y))$，$1\leqslant x\leqslant y\leqslant\mid Q_i\mid$，那么 X 所包含的点集 P_X 中的任意一个点 p 在第 i 维上的投影都在线段 $(q(i,x),q(i,y))$ 中，且为 Q_i 对应的实域序列中的某个元素。可知，线段 $(q(i,x),q(i,y))$ 中共有 $y-x+1$ 个 Q_i 对应的实域序列元素。此时，设置 $y-x+1$ 个对应的计数器，遍历 P_X 一遍，根据每个点在第 i 维上的投影来改变当前计数器的数值。遍历 P_X 完成后，按顺序遍历计数器，便可找到满足算法 8.1 中步骤 2 的 j 分割线。

　　基于取整划分函数的 k - 匿名算法总是试图将一个临时匿名组（多维矩形区域）划分为两个更小的多维矩形区域，这两个区域相交于算法中所提到的分割线。若 j 分割线上没有元素，则分割结束；若 j 分割线上有元素，则将这些元素分配到两个多维矩形区域中，从而形成两个新的子临时匿名组。

　　例如，给定 $k=2$，如图 8.4 所示的临时匿名组共含有 7 个点，$7=3\times2+1$。从左到右共有 6 个计数器，其计数值分别为 $\{0,3,1,0,1,2\}$。其中，最左边的是最 $q(i,x)$，右边的是 $q(i,y)$，j 分割线处于倒数第 2 个计数器处（其对应计数器值为 1）。

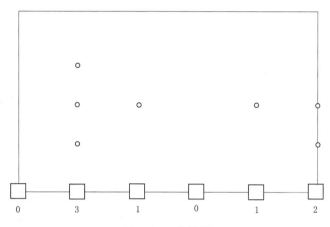

图 8.4　j 分割线

　　此时，$0+3+1+0+1\geqslant\left\lceil\dfrac{3}{2}\right\rceil\times2+\left\lceil\dfrac{1}{2}\right\rceil=5$，且 $1+2\geqslant\left\lfloor\dfrac{3}{2}\right\rfloor\times2+\left\lfloor\dfrac{1}{2}\right\rfloor=2$，满足算法 8.1 中步骤 2 的条件。两个矩形区域有一个焦点，而这个交点最后分配给左边的矩形区域。

　　若令 $n=|T(d)|$，根据之前对于寻找 j 分割线的描述可以知道，对于某个临时匿名组，寻找其 j 分割线时，至多需要遍历该临时匿名组内的所有记录。因此，其时间耗费为 $O(n)$；另外，在 k -匿名限制下，表格 $T(d)$ 至多能分成 $\left\lceil\dfrac{n}{k}\right\rceil$ 个多维矩形区域，因此，表格至多被划分 $\left\lceil\dfrac{n}{k}\right\rceil-1$ 次。因而，对于固定的 k，整个算法的时间开销是 $O\left(\dfrac{n^2}{k}\right)$。

　　然而，许多临时匿名组的规模实际上都远小于 n。因此，上述时间复杂度分析是松弛的。本章最后一节还将对算法时间复杂度进行分析。

　　另外，以上算法只描述了划分的部分。当将 Ω 划分成无法再细分的众多矩形区域时，需要将所有这些区域输出，从而形成一张完整的匿名表。这也就是分治中"合"的部分。一般可使用合适的数据结构（如 KD 树）来存储和管理分割过程中形成的每一个矩形区域，而在分割结束后再输出重构成完整的匿名表[125,128]。

8.2.3　基于取整划分函数的 k - 匿名算法的匿名组规模上界

　　本小节讨论 8.2.2 节中算法所产生的匿名化数据在匿名组数量以及匿名组规模的上界。为便于证明，首先给出两个定义。

定义 8.1　（k 系数）给定表格或临时匿名组 X 和 k，若 $|X|=\alpha k+\beta$，则称 α 为 X

的 k 系数。

定义 8.2　（剩余 k 系数）给定表格或临时匿名组 X 和 k，若 $|X| = \alpha k + \beta$。则称 β 为 X 的剩余 k 系数。

定理 8.1　给定表 $T(d)$ 和 k，若 $|T(d)| = \alpha k + \beta$，则基于取整划分函数的 k - 匿名算法所产生的匿名化数据恰好包含 α 个匿名组。

证明：首先，当 $\alpha = 1$ 时，结论显然成立。当 $\alpha \geqslant 2$ 的时候，$T(d)$ 会被分成两个部分，每个部分的大小分别是 $\left\lfloor \dfrac{\alpha}{2} \right\rfloor k + \left\lfloor \dfrac{\beta}{2} \right\rfloor$ 和 $\left\lceil \dfrac{\alpha}{2} \right\rceil k + \left\lceil \dfrac{\beta}{2} \right\rceil$。这两个部分的 k 系数之和等于 α。同样，对于某个临时匿名组 X，当它被划分之后，其两个子匿名组的 k 系数之和等于 X 的 k 系数。如此，记某时刻所有临时匿名组的 k 系数之和为 T_p，当任意多临时匿名组进行划分之后，所得的所有新匿名组的 k 系数之和必然仍为 T_p。此外，任意一个临时匿名组必然可以递归地划分成为 k 系数为 1 的子临时匿名组的并。因此，定理 8.1 得证。

定理 8.2　给定表 $T(d)$ 和 k，且 $|T(d)| = \alpha k + \beta$。若 $\lceil \log_2 \alpha \rceil = x$，则基于取整划分函数的 k - 匿名算法得到的所有最终匿名组规模均不超过 $k + \left\lceil \dfrac{\beta}{2^x} \right\rceil$。

为证明定理 8.2，以下先给出若干定义和引理。

定义 8.3　（匿名组层次）若称院士表格 $T(d)$ 是第 0 层的匿名组，则称由第 $i-1(i > 0)$ 层的临时匿名组划分后形成的子临时匿名组为第 i 层匿名组。

引理 8.1　若第 i 层的某个匿名组的剩余 k 系数不超过 $\left\lceil \dfrac{\beta}{2^i} \right\rceil$，则由它产生的第 $i+1$ 层的匿名组的剩余 k 系数必然不超过 $\left\lceil \dfrac{\beta}{2^{i+1}} \right\rceil$。

证明：不妨设 $\dfrac{\beta}{2^i} = \theta_1 + \theta_2$。其中，$\theta_1$ 是整数部分，$0 \leqslant \theta_2 < 1$。显然，$\left\lceil \dfrac{\beta}{2^i} \right\rceil \leqslant \theta_1 + 1$。根据本节取整划分函数，由该匿名组所产生的第 $i+1$ 层的两个匿名组的剩余 k 系数必然都不超过 $\left\lceil \left\lceil \dfrac{\beta}{2^i} \right\rceil \div 2 \right\rceil$。

如果 θ_1 是奇数，则

$$\left\lceil \frac{\beta}{2^{i+1}} \right\rceil = \left\lceil \frac{\theta_1 + \theta_2}{2} \right\rceil = \left\lceil \frac{\theta_1 - 1}{2} + \frac{1 + \theta_2}{2} \right\rceil = \frac{\theta_1 - 1}{2} + 1 = \frac{\theta_1 + 1}{2}$$

而

$$\frac{\theta_1 + 1}{2} = \left\lceil \frac{\theta_1 + 1}{2} \right\rceil \geqslant \left\lceil \left\lceil \frac{\beta}{2^i} \right\rceil \div 2 \right\rceil$$

如果 θ_1 是偶数，则

$$\left\lceil \frac{\beta}{2^{i+1}} \right\rceil = \left\lceil \frac{\theta_1 + \theta_2}{2} \right\rceil = \left\lceil \frac{\theta_1}{2} + \frac{\theta_2}{2} \right\rceil = \frac{\theta_1}{2} + 1 = \frac{\theta_1 + 2}{2}$$

而

$$\frac{\theta_1 + 2}{2} = \left\lceil \frac{\theta_1 + 1}{2} \right\rceil \geqslant \left\lceil \left\lceil \frac{\beta}{2^i} \right\rceil \div 2 \right\rceil$$

因此，不论 θ_1 是奇数还是偶数，新产生的两个第 $i+1$ 层的匿名组的剩余 k 系数大小必然都不超过 $\left\lceil \dfrac{\beta}{2^{i+1}} \right\rceil$。引理 8.1 得证。

引理 8.2 给定表 $T(d)$ 和 k，且 $|T(d)|=\alpha k+\beta$。若 $\lceil \log_2 \alpha \rceil=x$，则任意一个第 i 层匿名组 X 的 k 系数 α_1 必然满足条件 $2^{x-i} \leqslant \alpha_i < 2^{x-i+1}$。

证明：以下采用数学归纳法来证明。

当 i 等于 0 时，显然有 $2^x=2^{\lceil \log_2 \alpha \rceil} \leqslant 2^{\log_2 \alpha i}=\alpha_i < 2^{\lceil \log_2 \alpha i \rceil+1}=2^{x+1}$。因此，此时引理 8.2 成立。不妨假设结论对于第 i 层总是成立。对于第 i 层的某个匿名组 X，其划分出的某个第 $i+1$ 层匿名组的 k 系数为 α_{i+1}，则 $\left\lfloor \dfrac{\alpha_i}{2} \right\rfloor \leqslant \alpha_{i+1} \leqslant \left\lceil \dfrac{\alpha_i}{2} \right\rceil$。而 $\left\lfloor \dfrac{\alpha_i}{2} \right\rfloor \geqslant \left\lfloor \dfrac{2^{x-i}}{2} \right\rfloor=2^{x-(i+1)}$，且 $\left\lceil \dfrac{\alpha_i}{2} \right\rceil < \left\lceil \dfrac{2^{x-i+1}}{2} \right\rceil=2^{x-(i+1)+1}$。因而，仍然有 $2^{x-(i+1)} \leqslant \alpha_{i+1} < 2^{x-(i+1)+1}$ 成立。故引理 8.2 得证。

利用引理 8.1 和引理 8.2，可以证明定理 8.2 成立。

定理 8.3 证明：根据引理 8.2，可知所有的最终匿名组实际上都是第 x 层的匿名组。而根据引理 8.1 可知，第 x 层的匿名组的剩余 k 系数必然不会超过 $\left\lceil \dfrac{\beta}{2^x} \right\rceil$。因此，第 x 层匿名组的大小也必然不会超过 $k+\left\lceil \dfrac{\beta}{2^x} \right\rceil$。定理 8.2 得证。

根据定理 8.1 和定理 8.2，可以得出几个简单的推论。

推论 8.1 当 $|T(d)| \geqslant 2k$ 且 $k>3$ 时，基于取整划分函数的 k -匿名算法所产生的匿名组，其规模在最坏情况下小于 $2k-1$，换言之，是一个比 $2k-1$ 更优的上界。

推论 8.2 当 $|T(d)| \geqslant 2k^2$ 时，基于取整划分函数的 k -匿名算法所产生的匿名组，其规模在最坏情况下为 $k+1$，且在 $|T(d)|$ 可以被 k 整除的时候为 k。

推论 8.3 给定 k，当 $|T(d)|$ 足够大时，基于取整划分函数的 k -匿名算法所产生的所有匿名组的平均规模将足够趋近于 k。

以上三个推论说明了如下事实：在非平凡条件下，基于取整划分函数的 k -匿名算法所产生的匿名化数据的匿名组规模上界总是优于之前的最好结果 $2k-1$；而在海量数据条件下，基于取整划分函数的站匿名算法将产生在最大匿名组规模的上界上更优的匿名数据。

8.2.4 基于取整划分函数的 k - 匿名算法 （划分部分） 时间复杂度分析

本小节进一步讨论算法的时间复杂度。

定理 8.4 将所有第 i 层的临时匿名组按照基于取整划分函数的策略进行划分，其时间耗费是 $O(n)$。这里，$n=|T(d)|$，而 $T(d)$ 是给定的原始数据表。

证明：根据 7.2.2 节的分析，对于某个临时匿名组 X 进行划分，其时间复杂度是 $O(|X|)$，而所有第 i 层的临时匿名组规模的和必然小于 $n=|T(d)|$。因此，将所有第 i 层的临时匿名组按照基于取整划分函数的策略进行划分。其时间复杂度必然是 $O(n)$。定理得证

定理 8.5 基于取整划分函数的 k -匿名算法（划分部分）的时间复杂度是

$O\left(n\,\log_2\dfrac{n}{k}\right)$。

证明：若 $n=|T(d)|=\alpha k+\beta$，而 $[\log_2\alpha]=x$，则根据引理 8.2，$T(d)$ 至多可以划分到第 x 层；而根据定理 8.3，产生每层的所有临时匿名组的时间复杂度是 $O(n)$。因而，整个算法的总时间复杂度是 $O(nx)$，也即 $O\left(n\,\log_2\dfrac{n}{k}\right)$。定理得证。

8.3　实验结果与分析

本节介绍本书描述的新算法与几个相关的著名算法（包括严格 Mondrian 算法[128]、松弛 Mondrian 算法[128] 及 Bottom – Up 算法[131]）的实验比较情况。采用经常被使用的 DM 和 CM 评价函数来评价上列算法所产生的匿名化数据的质量，并且比较各个算法的时间开销，其目的是验证基于取整划分函数的 k-匿名算法，不但拥有期望的理论上界，同时拥有可接受的时间耗费，而且其所产生的匿名化数据在常用评价函数（DM，CM）下也是比较好的。

本节中的所有实验都是在统一的平台下进行的：奔腾 4 双核 2.2 Hz 处理器，4G 内存，Windows XP 操作系统。所使用的数据来自美国 Adult 数据库[133]，这是隐私保护领域最常被引用的数据库，之前的相关研究几乎都是用它来作为实验中的对比数据[116-119,122-125,127-129,131]。删除掉该数据库中所有不完整的数据记录后，共有 30162 条记录。选择其中的 8 个常规属性（年龄、工作类别、教育背景、婚姻状况、职业、种族、性别、国籍）作为实验中的 QI，并且使用工资属性为 CM 的分类标识。图 8.5 给出了比较分析的实验结果。

在图 8.5 中，Flexible Partition 表示基于取整划分函数的 k – 匿名算法，Mondrian（strict）表示严格 Mondrian 算法，而 Mondrian（relax）表示松弛 Mondrian 算法。图 8.5（a）给出了 4 种算法所产生的匿名化数据关于 DM 的变化情况。可以看出，Flexible partition 曲线处于所有曲线的下方，也即它受到了最小的信息损失惩罚，拥有较好的信息可用性。另外，根据前述证明结论，随着 k 的增大，匿名组大小上界也随之上升。而在图 8.5（a）中，4 条曲线都随着 k 的增大而上升，受到更多的信息惩罚。图 8.5（b）给出了 4 种算法所产生的匿名化数据关于 CM 的变化情况。其上升趋势同图 8.5（a）一致，而

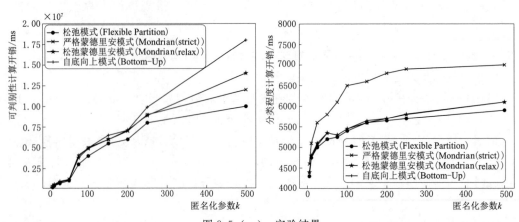

图 8.5（一）　实验结果

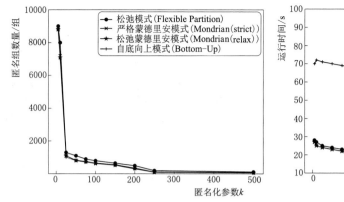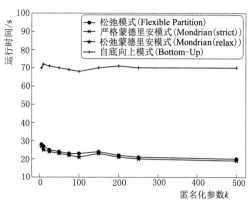

图 8.5（二） 实验结果

Flexible partition 所代表的曲线仍然处于所有曲线的最下方。

图 8.5（c）是 4 种算法所产生的匿名化数据所含有的匿名组数量的比较。之前已证明，书中的新算法将产生匿名组规模上界更低的数据，即产生更多的匿名组。而在实验中，Flexible Partition 也确实处于其他三条曲线的上方。图 8.5（d）给出了 4 种算法的时间耗费，可以看出，基于取整划分函数的知匿名算法在时间开销上也是可以接受的。

8.4 本 章 小 结

本章描述了一个很有效的基于上下取整划分函数的加匿名算法。从理论上证明了该算法在非平凡数据集中总能取得比 $2k-1$ 更低的上界，且当数据集的大小超过 $2k^2$ 时，算法所产生的匿名化数据的匿名组规模必然不会超过 $k+1$。此外，在面对海量数据时，算法所产生的数据的平均匿名组规模可以足够趋近于 k。

第 9 章

Map‐Reduce 模型下数据隐私保护机制研究

9.1 引　　言

随着网格计算和云计算等高性能计算模型的发展，针对海量统计类型数据的分析和处理效率得到很大程度的提高。相比传统的相对闭合的数据处理环境，新的计算模型大多建立在开放的系统环境下。这样的数据处理环境为分布式数据存储和并行计算提供良好支持的同时，也存在着很多的数据敏感信息泄露隐患。数据拥有者对于数据保密性的控制权在很大程度上被削弱了。原始数据可能在数据采集、传输和存储的任何过程被敌手获取或者篡改。数据隐私无法得到发布者有效的安全确认，数据敏感信息甚至可能被数据库管理员通过非法手段获取[134]。如何在保证数据隐私的前提下尽可能地提高海量数据计算效率，成为海量统计类型数据处理需要解决的新问题。

本章从统计数据分析的特点出发，在保证统计数据分析准确性的前提下，应用 Map‐Reduce 计算模型处理数据，提高了数据处理的效率。并把差别隐私保护技术应用于分布式统计数据库中，使得敌手在获取统计数据信息后，无法得到敏感数据。进而，在非交互式的数据访问环境中，达到数据隐私保护的目的。

9.2　数据隐私与问题描述

数据隐私问题的研究有着很长的历史，其中包括加密技术、匿名化技术、去可识别性技术等很多研究方法。根据统计数据库的特点，数据隐私的保护的研究对象主要是在不影响数据统计趋势的前提下，提供对某些敏感信息的隐私保护，比如医疗统计信息中的个人病历信息，人口普查信息中的收入状况信息等。

9.2.1　数据隐私定义

定义隐私是一个困难的工作，主要挑战来自于如何对敌手背景知识进行描述。敌手对于拟攻击的数据对象可以是完全零知识背景的。敌手也可以根据合法的非隐私数据交互情况下，通过附加信息查询和连接查询等手段间接地获取敏感数据。比如，敌手通过合法查询获取某人的全名信息和出生日期，可以通过一些手段连接查询某医疗病历数据库，进而获取更多的个人隐私信息。

统计数据分析研究者 Dalenius 在早期的研究中对数据隐私保护目标做了非形式化的说明，他认为任何能够从统计数据库中获取的信息，都可以通过访问不同数据库来实现。文献［139］、［140］从敌手对数据的认识角度来定义隐私，要求敌手之前和之后对于个体认识的观点不应有很大的不同（比如在访问统计数据库之前和之后），或者说访问统计数据库不应该很大程度地改变敌手之前对于数据库中个体的认识。Dwork 等人在文献［134］中给出了针对于统计数据库的隐私保护目标：无论数据库是在线还是离线，确保访问前后的数据威胁最小化，把敌手的之前和之后对个体认识的比较转换成比较个体在数据库中威胁的变化。

统计数据库的建立是为了提供预先处理的信息，这些数据可以帮助我们了解数据的趋势性信息。如何在降低数据威胁的前提下，最大化地提高统计分析效率是我们要解决的主要问题。

9.2.2　隐私攻击

针对数据库的访问通常分为交互式和非交互式两种形式，交互式数据访问主要是通过提交访问操作对数据库中的数据对象进行访问；非交互式访问是将数据库中的数据经过相应处理后提供给用户使用。交互式数据访问环境下，敌手可以通过数据侦听、伪访问操作等方式来对数据库的敏感信息进行攻击。为了保护这些敏感数据在交互过程中暴露给敌手，可以通过访问操作上下文来确定访问操作是否安全，如果有暴露隐私的危险则拒绝。但是这种方法也存在着缺陷，可能拒绝访问某些操作本身就会暴露数据的隐私性[135]。非交互式数据访问形式是在统计数据库未进行数据发布之前对数据进行相应的处理以保证敏感信息不被暴露。数据隐私保护方法也有很多，比如替换可识别性敏感信息[136]，k - 匿名隐私保护[137,138]，添加噪声数据[139]等。但是，也存在着一些问题，敏感数据属性替换方法容易受到敌手的连接攻击，k - 匿名保护方法可能会覆盖一些特征数据，而噪声数据的大小可能会很大，影响数据的发布。

9.3　基于差别隐私的 Map - Reduce 模式

统计数据库具有数据容量大、维度高、趋势性分析要求强等特点。在提高数据分析效率的同时，保护统计数据信息隐私，是统计数据库安全保护关注的主要问题之一。

数据隐私保护技术根据技术特点主要可以分为数据失真隐私保护、数据加密隐私保护和匿名化隐私保护技术[141]。这些技术中，数据失真隐私保护主要是通过不同形式为原始数据添加噪声信息实现保护隐私信息的目的，具有计算开销低，隐私保护强度较高的优点，但是对于个体信息来说造成的数据损害较大，数据依赖性较强。但是，统计数据分析的研究对象并非针对于某一个体数据，而是研究数据群体性现象。下面介绍的差别隐私保护就属于数据失真隐私保护技术。

9.3.1　差别隐私保护

差别隐私可以认为是对于任何一个真实数据，经过隐私保护机制处理得到确定输出的概率不依赖于这个真实数据是否存在于输入数据集中。或者说是，对于一个隐私保护机制处理过的输出数据，敌手无法分辨其中的某个来自真实数据的输入，因为这个输入的存在性对于产生输出数据没有任何影响。对于差别隐私的定义如下。

定义 9.1　对于一个隐私保护机制 f 满足（ε，δ）-差别隐私[140]（其中，ε，δ 是隐私参数），当对于两个数据集 D 和 D' 来说，它们的差别最多包含一个记录（$|D\Delta D'|\leqslant 1$），则对于所有的输出 $S\subseteq Rang(f)$ 有

$$\Pr[f(D)\in S]\leqslant e^{\varepsilon}\times\Pr[f(D')\in S]+\delta \tag{9.1}$$

其中，隐私参数 δ 主要是针对一些特殊计算的松弛参数，比如某一数据 $\exists d\in D\&\notin D'.s.t.(\Pr[f(D)\in S]\propto 0)\leqslant e^{\varepsilon}\times(\Pr[f(D')\in S]=0)+\delta$，$\delta$ 参数引入保证数据集中可以包含小概率差别数据，本书中 δ 设置为 0。函数 F 是衡量原始数据在处理过程中的敏感程度的指标。当原始数据发生差别性变化后，函数 F 的输出结果描述的是最大的差别变化量。下面引入函数敏感度概念。

定义 9.2　敏感度（Sensitivity）。对于函数 $f:D\to\mathbb{R}^d$，f 敏感度是

$$\Delta f=\max_{D,D'}\|f(D)-f(D')\|_1 \tag{9.2}$$

对于所有的 D 和 D' 来说，$|D\Delta D'|\leqslant 1$。

为了实现差别隐私，需要对个体数据信息的存在性通过添加噪声信息的形式进行处理。差别隐私的实现有很多机制来保证[142,143]，本书中采用比较常用的拉普拉斯机制进行噪声数据的添加。

定理 9.1[144]　对于任何函数 $f:D\to\mathbb{R}^d$，隐私保护机制 f 满足 ε-差别隐私，通过为每一个 d 的输出添加在拉普拉斯分布 $Lap(\Delta f/\varepsilon)$ 独立产生噪声数据。

采用这个机制为函数 $f:D\to\mathbb{R}^d$ 添加噪声数据。

$$f(d)+Lap(\Delta f/\varepsilon) \tag{9.3}$$

其中，$Lap(\Delta f/\varepsilon)$ 是一个标准差，是 $\sqrt{2}\Delta f/\varepsilon$ 的对称拉普拉斯分布。

差别隐私保护通过对原始数据添加噪声的方式来实现对个体数据的敏感信息保护。这些噪声数据与函数敏感度有关，函数敏感度越高，说明数据存在性越易暴露隐私信息，因而需要添加越多数量的噪声数据信息来屏蔽输入数据和输出数据的差别。这样，对于敌手来说，输出的数据与其背景知识无关。

定理 9.2[149]　对于任意函数 $f:(D\times T)\to\mathbb{R}^d$，算法 Ag 以概率 $exp\left(\dfrac{\varepsilon\times u(D,t)}{2\times\Delta u}\right)$ 选取输出 t 满足 ε-差别隐私。

在实际问题中使用差别隐私为数据提供安全保障，有很多满足 ε-差别隐私保护的安全机制[149]，指数机制是其中应用比较广泛的一种。这个机制中证明了通过计算 $u(D,t)$ 函数，算法以指数分布的概率选取某一输出满足 ε-差别隐私，这对于候选参数的选取过程是否满足 ε-差别隐私提供了支持。

9.3.2　改进的 Map‐Reduce 模式

Map‐Reduce 是 Google 研究人员面向分布式并行计算环境所设计的高效的计算模型[145]。它与 GFS（Google File System）文件系统和 BigTable 表结构共同组成了可实现分布式数据存储和并行计算的框架。模型如图 9.1 所示。

Map‐Reduce 计算框架主要包含如下 3 个部分：

1）输入预处理阶段。首先，需要将处理数据分配给一个分布式的文件系统，这个文件系统可以将数据按照要求分解成若干个切片。

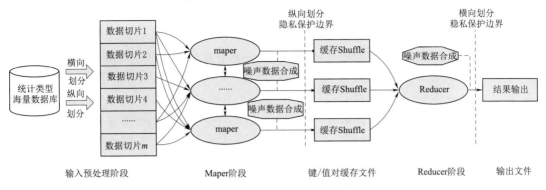

图 9.1 差别隐私保护的 Map - Reduce 模型

2）maper 阶段。编程人员需要对每一个分解的切片按照需求设计 maper 函数，这些 maper 函数的输入是每一个切片中的数据，输出是一个键/值对列表数据。

3）Reducer 阶段。这个阶段由 Reducer 函数对 Maper 阶段产生的键/值对列表进行相应操作（如求和、计数、最值等），并将得到的结果输出。

Map - Reduce 计算框架利用并行计算能力很大程度上提高了计算效率，降低了分析海量数据的时间复杂度。对于统计数据库来说，其数据量庞大，数据维度一般比较高，利用并行化计算模型可以极大地增加具有同步性特点的计算运行效率。为了更好地对统计数据进行处理，采用横向和纵向两种划分形式对统计数据进行输入预处理[146,147]。横向划分是将大小为 S 的统计数据根据 maper 单元的数量 M 水平分割记录集，每一个 maper 单元的记录集大小为 S/M；纵向划分是将统计数据集 S 根据 maper 单元数量和容量把属性集 A 划分成（$\bigcup A_i$，$_{1 \leqslant i \leqslant k}$，$A_{cls}$）的形式。水平划分数据集方式可以使 maper 函数计算过程具有良好的并行性，降低 $O(1/M)$ 的时间复杂度，但是，由于在每个 maper 过程中破坏了数据的完整性，需要增加各并行进程的通信开销；纵向的属性划分由于保持了属性上的数据完整性，减少了通信开销，适合对统计数据进行整体分析，但是会有敏感性属性信息泄漏的危险。

对统计数据库进行输入预处理的过程是非交互式完成的，用户通过 Map - Reduce 框架中的 maper 函数对每个 maper 单元的数据进行读取，通过 reducer 函数完成结果汇总。根据不同的预处理输入方式可以选择不同的差别隐私保护机制，对于横向预处理输入，由于得到的是不完整的数据集，可以在 Reducer 阶段添加噪声数据以屏蔽结果数据；对于纵向预处理输入，则需要在 maper 阶段后添加噪声数据，防止敌手从 Shuffle 中获取敏感性信息。

9.4 算 法 描 述

通过 9.3 节对 Map - Reduce 计算模式的叙述，明确了三个阶段两种划分的基于差别隐私保护的计算模型。本节针对统计数据库提出一种基于 Map - Reduce 模型带有差别隐私保护的决策树生成算法，并给出算法满足 ε -差别隐私的证明，最后讨论这个算法实现的时间复杂度。

9.4.1　Diffirencial Privacy for MapReduce 算法

对统计数据进行数据分析有很多种类型，为了更好地验证差别隐私在保证数据一致性上的效果，本书利用带有差别隐私保护技术解决分类生成决策树问题。分类决策树算法有很多，比如 ID3、C4.5 和 SPRINT 等。本书提出一种决策树生成算法，通过数据的水平分解对统计数据库进行切片划分，采用 Map-Reduce 模型对这些数据切片进行处理，采用信息增益度作为节点候选计算函数，以指数机制作为控制输出的概率分布，保证决策树节点生成满足 ε-差别隐私，最后，在拉普拉斯分布内完成对原始数据的噪声添加，确定隐私保护边界。算法（伪码形式）描述如下。

算法 9.1　Diffirencial Privacy for MapReduce(DP-MR)。

输入：统计数据库 D，隐私保护参数 ε，迭代次数 n。

输出：统计数据决策树 T。

1：输入预处理阶段；

初始化数据切片 $split_i$，$1 \leqslant i \leqslant M$，且 $split_i$ 的属性向量为 $(A_1, \cdots, A_k, A_{cls})$，其中 A_{cls} 是分类属性，有 t 个不同取值 aq_t。

2：对每一个切片执行 maper 操作；

maper($<key, value>, <key`, value`>$)：

//key 为数据切片中的每一个属性 $A_i \in \{A_1, \cdots A_k\}$；$value$ 为数据切片中的记录 $r_j \in split_i$，$j = |Rows_{split_i}|$

//$key`$ 为输出的属性键值列表，value` 为输出的键值列表对应的值

1)：for each r_j：

2)：if $A_i . r_j <> aq_t$ then：

3)：$<key`, value`> = <key` \bigcup A_i, value` + 1>$；

4)：next r_j；

5)：return $<key`, value`>$；

end manper

3：通过 Reducer 函数在 $<key`, value`>$ 列表选择决策树扩展属性节点：

reducer ($<key`, value`>$)：

// $u(S, A_i)$ 函数是确定生成节点选择函数；infoGain ($value`, A_i$) 来表示计算 $key`$ 列表中 A_i 个属性的信息增益度

//通过递归方法获取决策树节点并返回阶段属性值和添加噪声数据的计数

1)：初始化 $<key`, value`>$ 列表中具有相同属性的键/值对，形成新的键/值列表 $<\bigcup Key`, Value`>$；

2)：If iterate. count $<= n$ then：

3)：计算候选节点信息增益度 infoGain ($value`, A_i$)；

4)：以概率 $exp\left(\dfrac{\varepsilon \times u(S, A_i)}{2 \times \Delta u}\right)$ 在 $A \in \bigcup key`$ 选取信息增益度最大的节点输出；

5)：$A. value` = A. value` + \text{Lap}(\Delta f / \varepsilon)$；

6)：return $<A, A. value`>$；

7）：$<key`，value`>-<A，A.value`>$；

8）：update $<key`，value`>$；

9）：reducer（$<key`，value`>$）；

end reducer

4：生成决策树：利用 reducer 递归过程获取的$<A，A.value`>$键/值对依次生成决策树节点 v，并将当前节点 r 位置指向其子树节点 $r→child(r)$，返回统计数据分类决策树 T。

9.4.2 算法隐私性分析

上述两个算法针对于统计数据以及分布式存储环境的不同特点，在提高数据分析效率的同时，为数据提供差别隐私保障。本小节对于这两个算法是否满足差别隐私的定义给出证明。

算法 9.1 的核心部分是 reducer 阶段在键/值对$<\bigcup Key`，Value`>$中选择生成节点的步骤。节点选择的依据是该节点的信息增益度 infoGain($value`，A_i$)。在这里用 $S$ 表示键/值对列表$<\bigcup Key`，Value`>$，A_i 表示候选生成节点，$A_i.child$ 表示 A_i 节点的划分，则属性 A_i 的信息增益度可以表示为

$$infoGain(S,A_i)=H_{A_i}(S)-H_{A_i|A_i.child}(S) \tag{9.4}$$

其中，$H_{A_i}(S)$ 是属性 A_i 相对于数据集 S 的信息熵，$H_{A_i|A_i.child}(S)$ 是取值介于 $1\sim H_{A_i}(S)$ 之间属性 A_i 的条件熵。信息增益度函数的敏感度 $\Delta f=\log_2|D(A_{cls})|$，对于算法 9.1 中的 $|D(A_{cls})|$ 表示分类属性取值范围，对于 A_{cls} 的结果只有 Yes/No，所以其取值范围为 2，Δf 的取值最大是 1。

引理 9.1 从键/值对列表$<\bigcup Key`，Value`>$中选取生成节点的算法 Ag 满足 ε-差别隐私，选取生产成点的概率是 $exp\left(\dfrac{\varepsilon\times u(S，A_i)}{2\times\Delta u}\right)$。

证明：在候选节点选取过程中，选择过程满足指数机制，选择概率为

$$\frac{exp\left(\dfrac{\varepsilon\times u(S,A)}{2\times\Delta u}\right)}{\sum_{A_i\in\bigcup Key}exp\left(\dfrac{\varepsilon\times u(S,A_i)}{2\times\Delta u}\right)} \tag{9.5}$$

函数 u 的敏感度为 $\log_2|D(A_{cls})|$，即 $\Delta u=1$。根据定理 9.2 可知，在对键/值对列表$<\bigcup Key`，Value`>$进行选择输出时，选取概率满足指数机制，所以节点的选取满足 ε-差别隐私。

引理 9.2 DP-MR 算法满足 ε-差别隐私。

证明：算法首先对统计数据进行横向划分，生成数据切片，根据文献［148］中的并行组合定理，对于正交数据集上的算法序列满足 ε-差别隐私；其次，对于算法中对决策树节点的选取由引理 9.1 可知满足 ε-差别隐私；最后，对于每一个组中带噪声数据的统计计数输出采用了拉布拉斯机制。能够保证 $\varepsilon/\Delta f$-差别隐私，$\Delta f=1$，所以也满足 ε-差别隐私。综上所述，对于 DP-MR 算法的各阶段均满足 ε-差别隐私，根据顺序组合定理[148]，可知 DP-MR 算法满足 ε-差别隐私。

9.4.3 算法复杂度

相比于传统的决策树生成算法，由于 Map-Reduce 计算模型的并行性特点，算法 9.1

的运算效率得到很大提高。m 个 Maper 单元可以将扫描一次统计数据库的时间减少到原来的 $1/m$，每一个 Maper 阶段由一次数据切片遍历构成，其时间复杂度为 $O(|D|/m)$。统计数据库经过 Maper 阶段处理会产生 m 个缓存 Shuffle，在每一个 Shuffle 中包含了 $<key,value>$ 列表，这个列表用来统计这个数据切片中的属性以及其计数。在 Reducer 阶段，首先初始化 $<key`,value`>$ 列表，时间复杂度为 $O(m)$；其次，采用指数机制选择候选节点输出和添加噪声数据均为 $O(|\cup Key`|)$。利用迭代方式进行生成节点的选取，则复杂度为 $O(n \times |\cup Key`|)$。

Maper 阶段和 Reduce 阶段的总时间复杂度由 $O(|D|/m)$、$O(m)$ 和 $O(n \times |\cup Key`|)$ 决定，这与 Map‐Reduce 计算模型并行程度，也就是数据集 D 的细化程度，以及数据集 D 的属性分类有关。通常情况下，由于 Maper 数量相比较统计数据集 D 中的记录个数要小得多，生成决策树迭代次数 n 也在指数范围内，所以可以用 $O(|D|/m)$ 来描述算法的时间复杂度。

9.5　实　验　与　评　价

为了更好地说明算法 DP‐MR 在保证数据分析准确性的基础上，提供敏感信息的差别隐私保护，将本书算法与经典的决策树生成算法 ID3 和 C4.5 算法分类精度进行对比。实验应用采用开源的人口普查数据集 Adult，其中包含 45468 个普查数据，14 个不同类型的属性。为了便于数据分析，选择其中的 8 个分类属性数据作为分析对象。数据集中的 50％作为训练集，用来生成决策树，其余为测试集，利用生成的决策树测试其分类精度。硬件平台采用 8 台 PC 机，其中 3 台配置为四核 3.6G，4G 内存，其余为双核 2.8G，2G 内存。构建 Hadoop 集群使用 Hadoop 1.0 版本，在每个节点上部署统计数据分析工具。集群中各节点通过千兆以太网连接。

通过调节隐私保护参数 ε，控制隐私保护强度，ε 取值越大说明隐私保护能力越弱，反之越强。在不同的隐私保护强度下，利用不同的算法生成决策树，在测试集上得到测试精度数据，如图 9.2 所示。

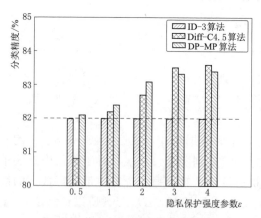

图 9.2　隐私保护强度与分类精度

三种算法的分类精度基本为 80％～85％，ID3 算法没有隐私保护机制，参数 ε 对其没有影响，分类效率稳定在 82％。两种带有隐私保护的算法 Diff‐C4.5 和 DP‐MR 在不同的隐私保护强度下的表现各不相同，但是趋势比较类似，都是随着隐私保护强度的减弱，分类精度呈现升高的趋势。相比较于 Diff‐C4.5 算法，DP‐MR 算法的隐私保护参数 $\varepsilon<3$ 时，其分类效果要优于前者，随后两者比较接近。因为对于统计类型数据集来说，为了很好地保护数据隐私，ε 一般取值小于 1，所以相比较于其他两个算法，DP‐MR 算法在限定的隐私保护强度内有

一定的优势。

为了更好地分析 DP－MR 算法的计算效率，对上面三种算法在不同迭代次数的情况下，在测试集上的分类效率进行分析，如图 9.3（a）所示。分类精度在开始时随着细化次数的增加而增加，但在一个确定的细化次数后，分类精度开始随着细化次数的增加而减小。这是因为随着迭代次数的增加，$\bigcup Key$ 中的数量也在增加，这就造成每一个节点的统计计数值很小。虽然迭代次数越多，得到的分类属性越细，但是拉普拉斯噪声数据对于统计值的影响也越来越大。当迭代次数超过某一阈值时，可能出现噪声数据与计数值接近。这样得到的决策树会影响到分类精度。图 9.3（b）用时间开销来衡量 DP－MR 算法在时间上相比较其他算法具有显著的优势。不过，在实验过程中，发现当 Maper 节点数量 m 在增加的过程中，m 小于 5 个时时间开销接近于串行计算开销的 $1/m$。但是，之后时间开销基本相同，稳定在一个时刻上。这是由于 DP－MR 算法的主要时间开销在 Reducer 阶段的迭代环节，如果数据切片划分得越多，Maper 阶段的时间开销就会与 Reducer 阶段比较接近。

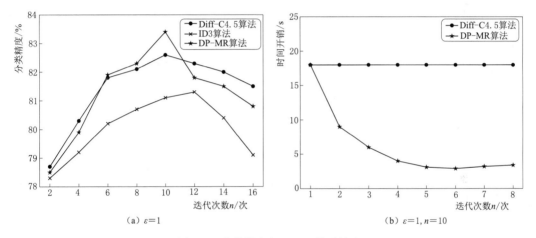

图 9.3　分类精度与 M－R 模型效率

9.6　本　章　小　结

本章对海量统计数据库中敏感信息的隐私保护机制进行了研究，利用 Map－Reduce 计算模型在一定程度上提高了海量数据的处理效率，同时又能够提供用户控制的隐私保护机制。针对分类决策树生成问题，引入差别隐私保护机制，在 Map－Reduce 计算模型下提出高效、安全的 DP－MR 算法。本章分析了这个算法的复杂度，并证明了其满足 ε-差别隐私，最后对这个算法的分类精度、隐私保护强度和运行效率进行了验证。本章提供的算法 DP－MR 能够很好地适应并行化的计算环境，提高运算效率，并对数据的敏感信息提供有效的隐私保护。

第 10 章

面向二维数据流的差分隐私统计发布

10.1 引　言

随着网络技术的高速发展，数据流已经普遍存在于各种应用中。例如，在线交易、疾病监控、环境监测等。数据流通常表现为高速、连续到达、总最大，且不适合二次存取，在线处理这些数据及实时发布相关统计信息将带来巨大的价值。然而，数据流中包含了许多个人隐私信息。直接对外发布数据将会导致个人隐私泄露。因此，如何在处理数据流和发布数据的过程中，保护数据流中的个人隐私信息是当前的研究热点。

近年来，研究人员已在差分隐私的模型下对数据流的统计发布进行了一定的研究。文献 [150~152] 首先提出了面向数据流的差分隐私连续统计与发布方法，这些方法在实现数据流实时统计与相关信息发布的同时，保证不泄露个人隐私。文献 [153] 提出了多种针对二进制数据流的差分隐私统计发布方法，并在此基础上提出能抵抗单一攻击和多个攻击的算法。文献 [150~153] 的研究成果虽在一定程度上能够很好地保护数据流中的个人隐私不被泄露，然而这些方法主要考虑的是在二进制数据流背景下，即假定数据流元素只取 0 或 1 的情况，统计和发布数据流中 1 出现的次数问题，其应用范围具有一定的局限性。

文献 [154~156] 针对更一般的一维数据流展开研究，其中文献 [154] 针对现有工作中只能固定一种查询的问题，提出基于滑动窗口计数查询的方法。该方法首先通过选取部分查询作为代表查询，针对代表查询，算法直接返回添加适当噪声后的结果，而对非代表查询，通过分解与组合生成其查询结果。文献 [155] 在分布式环境下不可信的收集者想要收集多个用户数据流的统计信息，为保证用户的隐私，提出结合差分隐私保护技术与加密技术的方法来解决分布式环境下的协同聚集问题，从而使数据收集者无法获取除信息总和以外的其他信息。文献 [156]、[157] 则是通过近似统计，并采用滑动窗口和加密技术，有效地在分布式环境下实现对数据流的连续统计发布。

现有关于差分隐私数据流统计发布的研究虽已取得一定成果，但还是只面向一维数据流，本章拟针对二维数据流，设计出有效的差分隐私统计发布算法[158]并保证所发布的数据流具有较高的可用性。

10.2　基础知识与相关定义

定义 10.1　数据流[159]：数据流是只能以事先规定好的顺序被读取一次的数据序列。

数据流具有实时、有序、快速到达的特点，一般要求处理数据流的算法只能够单次线性扫描数据。

为方便讨论，这里假设数据流的数据项每个单位时间只到达一项。

定义 10.2　兄弟数据流[150]：若数据流 σ_1 与 σ_2 仅在某一时刻 t_0 的取值不同，即 $\sigma_1(t_0)\neq\sigma_2(t_0)$，而对于 $\forall\,t\neq t_0$，$\sigma_1(t)=\sigma_2(t)$，则称数据流 σ_1 与 σ_2 为兄弟数据流。

在此基础上，下面给出二维兄弟数据流的含义。

定义 10.3　二维兄弟数据流：给定两条二维数据流

$$\sigma_1=(\langle x_{1,1},y_{1,1}\rangle,\langle x_{1,2},y_{1,2}\rangle,\cdots,\langle x_{1,t},y_{1,t}\rangle,\cdots),$$

$$\sigma_2=(\langle x_{2,1},y_{2,1}\rangle,\langle x_{2,2},y_{2,2}\rangle,\cdots,\langle x_{2,t},y_{2,t}\rangle,\cdots),$$

若 σ_1 与 σ_2 有且仅有某一时刻 t 的记录不同，$\sigma_1(t)\neq\sigma_2(t)$，即

$$\langle x_{1,t},y_{1,t}\rangle\neq\langle x_{2,t},y_{2,t}\rangle\,\wedge\,x_{1,t}=x_{2,t}\,\wedge\,y_{1,t}\neq t_{2,t}$$

则称 σ_1 与 σ_2 为二维兄弟数据流。

10.3　固定长度二维数据流的差分隐私统计发布

10.3.1　问题描述

给定一个长度为 L 的二维数据流 σ，设每条记录均含有属性 X，Y。其中 X 表示用户标识，Y 表示用户的行为，$\bigcup_x$，$\bigcup_y$ 分别表示 X，Y 属性取值集合，$|\bigcup_x|$，$|\bigcup_y|$ 未知，最多为 L，数据流以元组 $<X,Y>$ 的形式到达。由于数据流的数据量大，为了进行用户的行为（消费行为、上网行为等）分析，需要先对数据流进行过滤，选出大于一定频度的重要用户数据，最后对不同用户的行为进行频度统计。例如，在现实生活中电子商城的服务器收到用户的消费行为数据流，为了分析用户行为及更好地为用户服务，需要在某个特定时段对数据流进行数据统计。若直接发布数据流统计结果很可能导致用户在某一个时间点的个人隐私（个人行为）泄露。

定义 10.4　相对误差：所谓的相对误差是统计所造成的绝对误差和真实值之比，即 $RE=\dfrac{|f-\hat{f}|}{f}$，其中 f 表示真实统计结果，$\hat{f}$ 表示统计发布结果。

定义 10.5　差分隐私保护二维数据流统计发布：给定长度为 L 的二维数据流 $\sigma=(\langle x_1,y_1\rangle,\langle x_2,y_2\rangle,\cdots,\langle x_{L-1},y_{L-1}\rangle,\langle x_L,y_L\rangle)$，频度参数 θ，差分隐私参数 ε。假设 $f(x)$ 表示元素 x 的频度，$f(x,y)$ 表示元组 (x,y) 的频度，差分隐私二维数据流统计发布的任务是基于差分隐私保护模型，对其统计结果（$H=\{f(x,y)\,|\,f(x)>\theta L\}$）添加适当的拉普拉斯噪声 $Lap(\Delta f/\varepsilon)$，保证统计结果相对误差较小的同时，使得数据流包含的个人隐私满足差分隐私要求。

本章拟针对给定固定长度的二维数据流，在满足差分隐私的前提下，发布二维数据流统计结果。

10.3.2　算法思想与描述

算法的基本思想是：首先，针对给定二维数据流 σ 进行单遍扫描，对数据流第一维属性进行统计过滤，删除不满足条件的部分数据以减少不必要的数据存储，同时进行第二维

属性的近似统计，得到原始二维数据流的近似统计结果；其次，对统计结果再次进行过滤得到满足条件的结果；最后，通过对结果添加适当的 $Lap(\Delta f/\varepsilon)$ 噪声使得其满足差分隐私的要求得到最终可发布的统计数据。

算法描述如下。

算法 10.1　二维数据流统计算法（Two - dimensional Data Stream Statistical Algorithm, TDSS）。

输入：数据流 $\sigma=\{(x,y)\}$，L 是流的长度。

输出：数据流元组的近似频度集合 H。

1：初始化 s_1 和 s_2，桶 H；

2：读取新元组 $<x, y>$；

3：若果 $x \notin H$ 且 $|H|<s_1$，则直接将元组 $(x, 1, H)$ 加入桶 H，转步骤 2；

4：如果 $x \notin H$ 且 $|H|=s_1$，则对桶 H 中的所有统计值进行减 1 操作，并删除值为 0 的元组，转步骤 2；

5：如果 $x \in H$ 且 $y \in H_x$，则直接对统计值 $f(x)$ 和 $f(x, y)$ 加 1，转步骤 2；

6：如果 $x \in H$ 且 $y \notin H_x$，且 $|H_x|=s_2$，则对统计值 $f(x)$ 加 1，并将桶 H 中的所有值减 1，并删除值为 0 的元组，转步骤 2；

7：如果 $x \in H$ 且 $y \notin H_x$，且 $|H_x|<s_2$，则对统计值 $f(x)$ 加 1，并将元组 $(y, 1)$ 加到桶 H_x，转步骤 2。

敏感度 Δf 是查询函数 f 所具有的属性，其与数据集是无关的，这里的查询函数 f 可看作二维数据流的统计，根据算法 10.1 可以得出以下关于查询函数 f 的敏感度 Δf 的两个结论。

结论 10.1　当 $s_2<|\bigcup_Y|$ 时，函数 $f: \bigcup^T \to R^\bigcup$ 的敏感度 $\Delta f \leqslant s_2+1$。

证明：给定两条长度为 $L(L>0)$ 的二维兄弟数据流 σ_1 与 σ_2，则 $f_1^t(x)$，$x \in \bigcup_x$ 表示对数据流 σ_1 属性 X 在 t 时刻的统计结果，$f_1^t(x,y),(x,y) \in \bigcup$ 表示对数据流 σ_1 属性 X 和 Y 在 t 时刻的联合统计结果。对于数据流 σ_2，同理。

（1）当 $t<t_0$ 时，显然有

$f_1^t(x)=f_2^t(x)$，$x \in \bigcup_x$

$f_1^t(x, y)=f_2^t(x, y)$，$(x, y) \in \bigcup$　　　　　　　　　　　　（S₁）

$\Delta f=0$

（2）当 $t=t_0$ 时，$\sigma_1(t_0)=(x_0, y_1) \neq (x_0, y_2)=\sigma_2(t_0)$。

假设 $A^t=\{x \in \bigcup_x | f^t(x)>0\}$，$B_x^t=\{y | f^t(x, y)>0\}$，则 $A_1^{t_0-1}=A_2^{t_0-1}$，$B_{1, x}^{t_0-1}=B_{2, x}^{t_0-1}$。

令 $A=A_1^{t_0-1}$，$B_x=B_{1, x}^{t_0-1}$，

1）当 $x_0 \notin A \wedge |A|=s_1$ 时，对于任意的 $x \in A$，$f_1^{t_0}(x)=f_1^{t_0-1}(x)-1$，$f_2^{t_0}(x)=f_2^{t_0-1}(x)-1$，以及对于每个 $x \in A$，与其对应的 $f(x, y)$ 的值不变或者被删除。因此 $t=t_0$ 时，$f_1(x)$ 与 $f_2(x)$，$f_1(x, y)$ 与 $f_2(x, y)$ 同步变化，算法仍然处于 S₁ 状态。

2) 当 $x_0 \in A \wedge |A| < s_1$，根据算法第 3 步骤容易得出

$f_1^t(x_0) = f_1^{t_0-1}(x_0) + 1$，$f_2^t(x_0) = f_2^{t_0-1}(x_0) + 1$，$f_1^t(x) = f_2^t(x)$，$x \notin \bigcup_x$，

若 $\{y_1, y_2\} \in B_{x_0} \wedge |B_{x_0}| < s_2$，则有

$f_1^t(x_0, y_1) = f_2^t(x_0, y_1) + 1$，$f_2^t(x_0, y_2) = f_1^t(x_0, y_2) + 1$

$$f_1^t(x, y) = f_2^t(x, y)(x, y) \in \bigcup / \{(x_0, y_1), (x_0, y_2)\} \tag{S_2}$$

$\Delta f = 2$

若 $y_1 \notin B_{x_0} \wedge y_2 \notin B_{x_0} \wedge |B_{x_0}| = s_2$，则有

$f_1^{t_0}(x_0, y) = f_1^{t_0-1}(x_0, y) - 1$，$y \in B_{x_0}$

$f_2^{t_0}(x_0, y) = f_2^{t_0-1}(x_0, y) - 1$，$y \in B_{x_0}$

$f_1^t(x, y) = f_2^t(x, y)(x, y) \in \bigcup / \{(x_0, y_1), (x_0, y_2)\}$

$\Delta f = 0$

因此，算法仍然处于 S_1 状态。

若 $y_1 \in B_{x_0} \wedge y_2 \notin B_{x_0} \wedge |B_{x_0}| = s_2$，则有

$f_1^t(x_0, y_1) = f_1^{t_0-1}(x_0, y_1) + 1$，$f_2^t(x_0, y) = f_1^{t_0-1}(x_0, y) - 1$，$y \in B_{x_0}$

可以得出：

$f_1^t(x_0, y_1) = f_2^t(x_0, y_1) + 2$

$f_1^{t_0}(x_0, y) = f_2^{t_0}(x_0, y) + 1$，$y \in B_{x_0} / \{y_1\}$

$$f_1^{t_0}(x, y) = f_2^{t_0}(x, y), (x, y) \in \bigcup / \{x_0, y\} \tag{S_3}$$

$\Delta f = s_2 + 1$

若 $y_1 \notin B_{x_0} \wedge y_2 \in B_{x_0} \wedge |B_{x_0}| = s_2$，则有

$f_2^t(x_0, y_2) = f_2^{t_0-1}(x_0, y_2) + 1$

$f_1^t(x_0, y) = f_1^{t_0-1}(x_0, y) - 1$，$y \in B_{x_0}$

可以得出

$f_2^{t_0}(x_0, y_2) = f_1^{t_0}(x_0, y_2) + 2$

$f_2^{t_0}(x_0, y) = f_1^{t_0}(x_0, y)$，$y \in B_{x_0} / \{y_2\}$

$$f_1^{t_0}(x, y) = f_2^{t_0}(x, y), (x, y) \in \bigcup / \{(x_0, y)\} \tag{S_4}$$

$\Delta f = s_2 + 1$

与 $f_2^t(x, y)$ 同步增加 1，因此算法在 t 时刻仍然处于 S_1 状态。

若 $|x_3 \bigcup A^{t-1}| \leqslant s_1 \wedge |y_3 \bigcup B_{1, x_3}^{t-1}| > s_2 \wedge |y_3 \bigcup B_{2, x_3}^{t-1}| \leqslant s_2$，那么说明 $x_3 = x_0$，$y_3 = y_2$，

$f_1^t(x) = f_2^t(x)$，$x \in \bigcup_x$

(3) 当 $t > t_0$ 时，假设算法在 $t-1$ 时刻始终处于以上 4 种状态之一是成立的，令 $\sigma_1(t) = \sigma_2(t) = (x_3, y_3)$，则有

1) 当算法处于 S_1 状态时，显然根据算法无论 (x_3, y_3) 取何值，$f_1^t(x)$ 与 $f_2^t(x)$，$f_1^t(x, y)$ 与 $f_2^t(x, y)$ 都是同步变化的，因此算法在 t 时刻仍然处于 S_1 状态。

2) 当算法 $t-1$ 时刻处于 S_2 状态时，

a. 若 $|x_3 \bigcup A^{t-1}| \leqslant s_1 \wedge |y_3 \bigcup B_{1, x_3}^{t-1}| > s_2 \wedge |y_3 \bigcup B_{2, x_3}^{t-1}| \leqslant s_2$，则 $f_1^t(x)$ 与 $f_2^t(x)$，$f_1^t(x, y)$ 与 $f_2^t(x, y)$ 同步增加 1，因此算法在 t 时刻仍然处于 S_1 状态。

b. 若 $|x_3 \bigcup A^{t-1}| \leqslant s_1 \wedge |y_3 \bigcup B_{1,x_3}^{t-1}| \leqslant s_2 \wedge |y_3 \bigcup B_{2,x_3}^{t-1}| > s_2$，那么说明 $x_3 = x_0$，$y_3 = y_1$，$f_1^t(x_3, y_1) = f_2^t(x_3, y_1) + 2 f_1^t(x_3, y) = f_2^t(x_3, y) - 1$，$y \in B_{x_3}/\{y_1\}$，$f_1^t(x, y) = f_2^t(x, y)$，$(x, y) \in \bigcup /\{(x_3, y)\}$，因此算法在 t 时刻仍然处于 S_3 状态。

c. 若 $|x_3 \bigcup A^{t-1}| \leqslant s_1 \wedge |y_3 \bigcup B_{1,x_3}^{t-1}| > s_2 \wedge |y_3 \bigcup B_{2,x_3}^{t-1}| > s_2$，那么说明 $x_3 = x_0$，算法有以下两种子状态：

a）若 $f_1^{t-1}(x_0, y_2) = 0 \wedge f_2^{t-1}(x_0, y_1) = 0$，那么在 t 时刻 $f_1^{t-1}(x_0, y_1)$，$f_2^{t-1}(x_0, y_2)$ 各自减 1 变为 0。同时 $f_1^{t-1}(x_0, y)$，$f_2^{t-1}(x_0, y)$，$y \in B_{x_0}/\{y_1, y_2\}$ 也均减 1。因此算法处于 S_1 状态。

b）若 $f_1^{t-1}(x_0, y_2) > 0 \wedge f_2^{t-1}(x_0, y_1) > 0$，那么在 t 时刻 $f_1^{t-1}(x_0, y)$，$y \in B_{1,x_0}$，$f_2^{t-1}(x_0, y)$，$y \in B_{1,x_0}$，$f_2^{t-1}(x_0, y)$，$y \in B_{2,x_0}$ 同时减 1，其他保持不变，因此算法 t 时刻处于 S_1 状态。

d. 若 $|x_3 \bigcup A^{t-1}| > s_1$，那么 $f_1^t(x)$ 与 $f_2^t(x)$ 同步减 1，$f_1^t(x, y)$ 与 $f_2^t(x, y)$ 保持不变或者同时删除，因此算法 t 时刻处于 S_2 或 S_1 状态。

3）当算法 $t-1$ 时刻处于 S_3 状态时。那么算法有以下几种情况可以考虑。

a. 若 $|x_3 \bigcup A^{t-1}| > s_1$，那么 $f_1^t(x)$，$f_2^t(x)$ 同步减少 1，$f_1^t(x, y)$ 和 $f_2^t(x, y)$ 保持不变或者同时删除，算法在 t 时刻仍处于 S_3 或 S_1 状态。

b. 若 $|A^{t-1}| < s_1 \wedge x_3 \notin A^{t-1}$，那么 $f_1^t(x_3) = f_2^t(x_3) = 1$，$f_1^t(x_3, y_3) = f_2^t(x_3, y_3) = 1$，其他的均保持不变，因此算法 t 时刻仍处于 S_3 状态。

c. 若 $x_3 \in A^{t-1} \wedge x_3 = x_0$，那么 $f_1^t(x_3) = f_2^t(x_3) = f_1^{t-1}(x_3) + 1$

a）若 $|y_3 \bigcup B_{1,x_3}| \leqslant s_2 \wedge |y_3 \bigcup B_{2,x_3}| \leqslant s_2$，那么 $f_1^t(x_3, y_3) = f_1^{t-1}(x_3, y_3) + 1$，$f_2^t(x_3, y_3) = f_2^{t-1}(x_3, y_3) + 1$，其他均保持原状态。因此算法 t 时刻仍处于 S_3 状态。

b）若 $|y_3 \bigcup B_{1,x_3}| > s_2 \wedge |y_3 \bigcup B_{2,x_3}| \leqslant s_2$，那么 $f_1^t(x_3, y) = f_1^{t-1}(x_3, y) - 1$，$f_1^t(x_3, y_1) = f_2^{t-1}(x_3, y_1) + 1$，$f_2^t(x_3, y_3) = f_1^{t-1}(x_3, y_3) + 1$，$f_1^t(x, y) = f_2^t(x, y)$，$(x, y) \in \bigcup /\{(x_3, y_1), (x_3, y_2)\}$，因此算法在 t 时刻处于 S_2 状态。

c）若 $|y_3 \bigcup B_{1,x_3}| > s_2 \wedge |y_3 \bigcup B_{2,x_3}| > s_2$，那么 $f_1^t(x_3, y_3) = f_1^{t-1}(x_3, y_3) - 1$，$f_2^t(x_3, y_3) = f_2^{t-1}(x_3, y_3) - 1$，其他均保持原状态。因此算法 t 时刻仍处于 S_3 状态。

d. 若 $x_3 \in A^{t-1} \wedge x_3 \neq x_0$，那么 $f_1^t(x)$，$f_2^t(x)$，$f_1^t(x, y)$，$f_2^t(x, y)$ 同步变化。因此算法在 t 时刻保持 S_3 状态不变。

4）同理，当算法 $t-1$ 时刻处于 S_4 状态时，算法在 t 仍然处于 S_1、S_2、S_3、S_4 中的某一种状态。

综上所述，算法在整个执行过程中只可能处于 S_1、S_2、S_3、S_4 这 4 种状态之一，所以 $\Delta f \leqslant s_2 + 1$。

结论 10.2　当 $s_2 \geqslant |\bigcup_Y|$ 时，函数 $f: \bigcup^T \to R^{\bigcup}$ 的敏感度 $\Delta f = 2$。

证明：当 $s_2 \geqslant |\bigcup_Y|$ 时，容易得出算法 10.1 的步骤 4 和步骤 6 是不会被执行的，因此对第二维属性值的统计相当于精确统计，对于输入中某项数据的变化最终只能影响两个统计值，所以 $\Delta f = 2$。

根据结论 10.1 和结论 10.2，当 $s_2 < |\bigcup_Y|$ 时，敏感度 Δf 上限随着 s_2 线性增长；而当 s_2 取值超过属性取值个数时，敏感度 Δf 为固定值 2。由于数据流的属性取值最大可能为数据流长度 L，算法 10.1 为适应有限的内存空间，采用近似统计的方式，$s_2 \ll L$，为了保证用户隐私不被泄露，在算法 10.1 中将 Δf 取值为 $s_2 + 1$。

由于算法采用近似统计方式，其统计频度与真实频度存在一定的差距，根据算法 10.1 容易得出以下结论。

结论 10.3 对于 $\forall d \in \bigcup_X \wedge d \in H$，其近似统计频度 $\dot{f}(d) \geqslant f(d) - \frac{1}{s_1}L$。

证明：由算法 10.1 的步骤 4 可得，当 $|H| > s_1$ 时，算法对桶 H 中的每个统计值减 1 操作。对于长度为 L 的流，该步骤最多执行 $\frac{1}{s_1}L$。所以对于属性值 d，其最多进行 $\frac{1}{s_1}L$ 减 1 操作。因此，结论 10.3 成立。

通过以上结论可知，算法 10.1 虽然是近似算法，对数据流的统计结果只是真实结果的近似值，但其在一定程度上仍然能正确地反映原始数据流的真实情况。当数据流中的某时刻数据发生变化时，其统计结果也会相应发生变化，如果不经任何保护直接发布统计结果，将会导致数据流中的个人隐私信息泄露，因此下面设计出满足差分隐私的 TDSS 算法。算法描述如下。

算法 10.2 固定长度二维数据流的差分隐私统计发布算法（Privacy TDSS Algorithm, PTDSS）。

输入：频度阈值参数 θ，隐私参数 ε。

输出：带有噪声的频度统计值序列。

1：调用算法 10.1 得到原始数据流的统计结果 H；

2：扫描结果 H，过滤出符合条件的数据，得到 $H' = \left\{ \dot{f}(d,s) \mid \dot{f}(d) > \left(\theta - \frac{1}{s_1}\right)L \right\}$；

3：$\dot{f}(d,s) \in H'$ 添加适当的噪声 $Lap\left(\frac{\Delta f}{\varepsilon}\right)$，并输出 $Max\left(0, \dot{f}(d,s) + Lap\left(\frac{\Delta f}{\varepsilon}\right)\right)$。

算法 10.2 的步骤 2 主要是为了过滤出频度 $f(d) > \theta L$ 的元组，由于算法 10.2 采用的是近似算法，对任意的第一维属性 $d \in \bigcup_X$，其统计频度 $\dot{f}(d)$ 与真实频度 $f(d)$ 存在一定误差。根据条件 $\dot{f}(d) > \left(\theta - \frac{1}{s_1}\right)L$，算法 10.2 将保证所有满足条件的元组的近似频度都会作为算法 10.2 的输出结果。因此可以得出以下结论。

结论 10.4 对于 $\forall d \in \bigcup_X$，若 $f(d) > \theta L$，则 $\dot{f}(d,s) \in H'$。

证明：由结论 10.3 可得，对于 $\forall d \in \bigcup_X$，其近似频度 $\dot{f}(d) \geqslant \left(f(d) - \frac{1}{s_1}L\right)$。如果其真实频度 $f(d) > \theta L$，那么 $\dot{f}(d) > \left(f(d) - \frac{1}{s_1}L\right)$。因此，结论 10.4 成立。

算法 10.2 通过添加拉普拉斯噪声，保证了数据流中的个人隐私信息不被泄露，通过取 $\Delta f = s_2 + 1$，由定义 10.2 和定义 10.3 可得出定理 10.1。

定理 10.1 通过添加 $Lap\left(\frac{s_2 + 1}{\varepsilon}\right)$ 的噪声使得算法 10.2 满足 ε-差分隐私。

10.3.3　算法复杂度分析

PTDSS 算法的空间复杂度主要由算法 10.2 中的数据结构 H 决定，其中 $H = \{(d, f(d), H_d)\}$，$H_d = \{(s, f(d, s))\}$。假设存储一个数据需要 1 个存储单元，H 中最多 s_1 个元组，H_d 中最多 s_2 个元组，算法总的空间消耗为 $2s_1 + 2s_1 s_2$。因此，算法的空间复杂度为 $O(s_1 s_2)$。

算法在执行过程中由于最多存储 s_1 项 $(d, f(d), H_d)$，而 $s_1 \ll L$，算法将丢弃许多不满足条件的元组统计信息，从而以比较低的空间消耗近似统计出二维数据流的信息。

10.4　任意长度二维数据流的差分隐私连续统计发布

在现实生活中，数据流的大小往往是不可预知的。其长度可能是无限的，数据随时间的推移源源不断地到来。因此，本节拟在算法 10.2 的基础上，针对给定的任意长度的二维数据流，在满足差分隐私的前提下，利用滑动窗口机制，实现二维数据流的连续统计发布。

定义 10.6　滑动窗口[160]：从当前时刻起，将数据流数据向前追溯 N 个数据纳入计算范围，即假设当前时刻为 t，则 σ_{t-N+1}，σ_{t-N}，$\cdots$，σ_t 的 N 个数据都将被纳入计算。随着时间 t 的推移，σ_{t-N+1}，σ_{t-N}，$\cdots$，σ_t 不断变化，故称其为滑动窗口。

10.4.1　算法思想与描述

算法的主要思想是：针对二维数据流，把滑动窗口 N 内的数据作为统计发布对象。首先将滑动窗口 N 个数据依时间顺序依次划分成 k 个大小为 W 的不相交窗口单元。对于每个窗口单元分别进行统计过滤，然后通过为 N 个窗口单元的统计结果合并生成滑动窗口 N 的统计结果。而后通过条件筛选，添加适当的噪声以满足差分隐私的要求。滑动窗口以窗口单元为步长滑动，同时发布统计结果，从而实现数据流的连续统计发布。算法描述如下。

算法 10.3　基于滑动窗口的差分隐私二维数据流连续统计发布算法（PTDSS Based on Sliding Window，PTDSS‑SW）。

输入：二维数据流 σ，N 为滑动窗口大小，k 为窗口单元个数。

输出：带有噪声的频度统计值序列。

1：每读取 N/k 个数据，调用算法 10.2 进行统计，得到结果 H，加入到 HH 中；

2：如果 $|HH| > k$，则删除最早的一个结果集 H；

3：合并 HH 中所有结果集的结果，得到 H_{total}；

4：扫描结果 H_{total}，过滤出符合条件的数据，得到 $H'_{total} = \left\{ f(d,s) \mid f(d) > \left(\theta - \dfrac{1}{s_1}\right) N \right\}$；

5：对 $f(d,s) \in H'_{total}$ 添加适当噪声 $Lap\left(\dfrac{\Delta f}{\varepsilon}\right)$，并输出 $Max\left(0, f(d,s) + Lap\left(\dfrac{\Delta f}{\varepsilon}\right)\right)$；

6：转步骤 2。

10.4.2　算法分析

结论 10.5　在滑动窗口 N 内，对于 $\forall d \in \bigcup_x$，若 $f(d) > \theta N$，则 $\dot{f}(d, s) \in H'_{total}$。

证明：对于滑动窗口 N 内的窗口单元 W_i，由结论 10.3 可得 $\dot{f}_{w_i}(d) \geqslant f(d) - \frac{1}{s_1} W_i$。通过算法 10.3 的步骤 3 合并得到

$$\dot{f}(d) = \sum_i \dot{f}_{w_i}(d) > \sum_i \left(f_{w_i}(d) - \frac{1}{s_2} W_i \right) = f(d) - \frac{1}{s_2} \sum_i W_i$$

由于 $N = \sum_i W_i$，所以最终合并的结果仍然有 $\dot{f}(d) > f(d) - \frac{1}{s_2} N$。

因此，结论 10.5 成立。

根据结论 10.5，算法 10.3 先将数据流滑动窗口 N 划分子窗口进行统计后再合并与算法 10.2 的结果的最大误差保持一致。

定理 10.2　算法 10.3 满足 $k\varepsilon$ -差分隐私。

证明：由于对于滑动窗口内的窗口单元 W_i，其最多被实现 k 次 ε -差分隐私。因此，根据差分隐私的组合特性，可知算法 10.3 满足 k 次 ε -差分隐私。

此外，PTDSS-SW 算法的空间复杂度主要由维护 k 个两层结构决定，根据对 PTDSS 算法的分析，PTDSS-SW 算法最多消耗 $k(2s_1 + 2s_1 s_2)$ 个存储单元，因此算法的空间复杂度为 $O(ks_1 s_2)$。

10.5　实验结果与分析

本节将从二维数据流统计发布数据可用性进行实验研究。将 PTDSS 算法、PTDSS-SW 算法分别在不同的参数取值的情况下，进行各自的实验对比。实验采用定义 10.4 所提出的相对误差作为度量标准。实验结果为多组实验取平均值相对误差的结果。

实验采用了 Netflix 数据集，其中包括 17770 部电影从 1999 年 11 月 11 日到 2005 年 12 月 31 日由 480189 个用户的评分记录。通过取 2001 年 1 月 1 日到 2005 年 12 月 31 日中的 2817100 条记录，将电影 ID 和时间分别作为数据流的第一维与第二维属性，并将其进行随机排序后作为实验数据。

实验环境：Intel® Core™ i3-3210M CPU @3.20GHz，4G 内存，Ubuntu2.04 操作系统。采用 C 语言实现算法，并利用 Matlab 绘制实验图表。

10.5.1　差分隐私统计发布固定长度二维数据流的可用性

图 10.1 为 PTDSS 算法实验结果，实验中参数 θ 取 0.01，s_1 取 10000，s_2 分别取 60、80、100、120，差分隐私参数 ε 分别取 10、25、50。

从图 10.1 中可以看出，当差分隐私参数取值固定时，发布的统计数据与真实值的相对误差随着参数 s_2 的取值增大而呈增长的趋势。当参数 s_2 取值固定时，发布的统计数据与真实值的相对误差随着 ε 取值的增大而减小。主要原因是，算法 10.2 对统计结果添加了

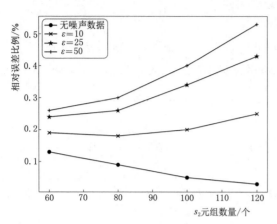

图 10.1　PTDSS 算法不同参数下实验结果

$Lap\left(\dfrac{\Delta f}{\varepsilon}\right)$ 噪声使其满足差分隐私的要求，其中 $\Delta f=s_2+1$，s_2 越大，ε 越小添加的噪声数据越大，隐私保护力度越大。从图 10.1 中也可以看出，随着 s_2 增大，二维数据流的近似统计结果精度越高，其泄露个人隐私的可能性越大，需要保护力度也越大。

10.5.2　差分隐私统计发布任意长度二维数据流的可用性

图 10.2 和图 10.3 为 PTDSS - SW 算法 k 取 2 和 4 的实验结果，实验中参数 θ 取 0.01，s_1 取 10000，差分隐私参数 ε 分别取 10、25、50。

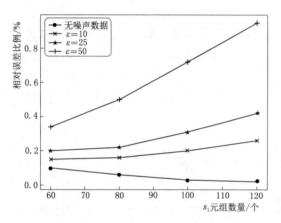

图 10.2　PTDSS - SW 算法在不同参数
取值下的实验结果（$k=2$）

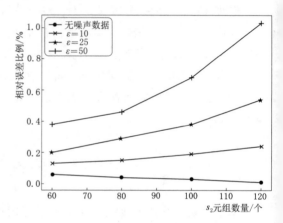

图 10.3　PTDSS - SW 算法在不同参数
取值下的实验结果（$k=4$）

由图 10.2 和图 10.3 可以看出，滑动窗口大小 N 固定的情况下，二维数据流近似统计结果随着 k 的取值增大相对误差减小，其值越接近真实值；而对于发布的统计数据，其仍具有与 PTDSS 算法同样的性质，ε 取值固定时，相对误差随着参数 s_2 取值的增大而呈增长的趋势。当参数 s_2 取值固定时，发布的统计数据与真实值的相对误差随着 ε 取值的增大而减小。

10.6　本　章　小　结

本章针对二维数据流统计发布存在隐私泄露问题，提出了满足差分隐私要求的二维数据流统计发布算法：PTDSS 算法和 PTDSS - SW 算法。PTDSS 算法在满足差分隐私的要求下，实现固定长度二维数据流的统计发布。PTDSS - SW 算法在 PTDSS 算法的基础上，利用滑动窗口机制实现了二维数据流的连续统计发布。理论分析与实验结果表明，算法可安全地实现二维数据流统计发布的隐私保护，同时保证统计发布结果的可用性较高。

参 考 文 献

［1］ FOX A，GRIFFITH R，JOSEPH A，et al. Above the Clouds：a Berkeley View of Cloud Computing ［M］. University of California，Berkeley：Berkeley Tech Report，2009.

［2］ GARTNER. The Definition About Cloud Computing ［EB/OL］. http：// www. gartner. com/it - glossary/cloud - computing/，2012 - 1 - 1.

［3］ 刘鹏. 云计算 ［M］. 北京：电子工业出版社，2010.

［4］ MELL PETER，TIM GRANCE. The Nist Definition of Cloud Computing ［J］. Nist Special Publication，2010，800（145）：50 - 57.

［5］ LIU F，TONG J，MAO J，et al. Nist Cloud Computing Reference Architecture ［C］//2011 IEEE World Congress on Services. Washington，DC，USA ：IEEE Computer Society，2011：594 - 596.

［6］ JERICHO FORUM. Cloud Cube Model：Selecting Cloud Formations for Secure Collaboration ［EB/OL］. http：//www. opengroup. org/jericho/cloud _ cube _ model _ v1. 0. pdf，2009. 4.

［7］ BROWN M，FUKUI K，TRIVEDI N. Introduction to Grid Computing ［M］. IBM，Washington，DC，USA：International Technical Support Organization，2005.

［8］ MARK BAKER. Cluster Computing White Paper ［C］//OALib Journal. University of Portsmouth，UK：Computer Science，2000：57 - 103.

［9］ JAMES BROBERG，SRIKUMAR VENUGOPAL，RAJKUMAR BUYYA. Market - oriented Grids and Utility Computing：the State - of - the - art and Future Directions ［J］. Journal of Grid Computing，2008，6（3）：255 - 276.

［10］ 廖备水，李石坚，姚远，等. 自主计算概念模型与实现方法 ［J］. 软件学报，2008（4）：779 - 802.

［11］ NURMI D，WOLSKI R，GRZEGORCZYK C，et al. The Eucalyptus Open - Source Cloud - Computing System. ［J］. J. phys. Conf. ser，2009，180：124 - 131.

［12］ FISHER STEVE. The Architecture of the Apex Platform，salesforce. com's Platform for Building On - Demand Applications ［C］//ICSE 2007 Companion. 29th International Conference on. IEEE，2009：3 - 10.

［13］ TCG GROUP. TCG Specification Architecture Overview ［EB/OL］. https：//www. trustedcomputinggroup. org/downloads/specifications/，2007.

［14］ STEVEN L，KINNEY. Trusted Platform Module Basics：Using TPM in Embedded Systems (embedded Technology) ［M］. Netherlands ：Newnes，2006.

［15］ 谭兴烈. 可信计算平台中的关键部件 TPM ［J］. 信息安全与通信保密，2005（2）：29 - 31.

［16］ SAILER R，VAN DOORN L，WARD J P. The Role of TPM in Enterprise Security ［M］. USA：IBM Corporation，2004.

［17］ SCARLATA VINCEN，OZAS CARLOS，WISEMAN MONTY，et al. TPM Virtualization：Building a General Framework ［J］. Trusted Computing，2008：43 - 56.

［18］ HIROAKI M，HIROYUKI E，KATSUMI O，et al. Improvement for VTPM Access Control on Xen ［C］// International Conference on Parallel Processing Workshops. USA：IEEE，2010：248 - 256.

［19］ S BERGER，R CACERES，K A GOLDMAN. et al. VTPM：Virtualizing the Trusted Platform

Module［C］Usenix Association Proceedings of the 15th Usenix Security Symposium．USA：Usenix Security，2006：305 - 320.

［20］ MINGDI XU．JIAN HE．Bo Zhang. et al. A New Data Protecting Scheme Based on TPM［C］// Eighth Acis International Conference on Software Engineering. USA：IEEE，2007：943 - 947.

［21］ AHMAD - REZA SADEGHI, CHRISTIAN STÜBLE, MARCEL WINANDY. Property - based TPM Virtualization［J］. Springer Berlin Heidelberg ，2008：1 - 16.

［22］ 刘昌平，范明钰，王光卫. 可信计算环境数据封装方法［J］. 计算机应用研究，2009（10）：3891 - 3893.

［23］ GE CHENG．OHOUSSOU．Sealed Storage for Trusted Cloud Computing［C］// International Conference on Computer Design & Applications. USA：IEEE，2010：335 - 339.

［24］ E BRICKELL. J CAMENISCH. L CHEN. Direct Anonymous Attestation［C］//In Proceedings of the 11th Acm Conference on Computer and Communications Security. USA：ACM，2004：132 - 145.

［25］ H GE，S R TATE. A Direct Anonymous Attestation Scheme for Embedded Devices［C］//In Public Key Cryptography - pkc . Berlin，German：Springer - Verlag，2007：16 - 30.

［26］ ERNIE BRICKELL，Liqun Chen，Jiangtao Li. New Direct Anonymous Attestation Scheme From Bilinear Maps［J］. Lncs，2008（4968）：166 - 178.

［27］ R SAILER，X ZHANG. T JAEGER. Design and Implementation of a TCG - based Integrity Measurement Achitecture［C］//In Thirteenth Usenix Security Symposium. USA：Usenix Society，2004：223 - 238.

［28］ L CHEN，R LANDFERMANN，H LAHR，et al. A Protocol for Property - based Attestation［C］// Proceedings of the 1st Acm Workshop on Scalable Trusted Computing（wstc）. USA：ACM Society，2006：7 - 16.

［29］ SADEGHI A，STUBLE C. Property - based Attestation for Computing Platforms：Caring About Properties，Not Mechanisms.　　［C］// Proceedings of the 2004 workshop on New security paradigms. New York：ACM，2004：67 - 77.

［30］ 于爱民，冯登国，汪丹. 基于属性的远程证明模型［J］. 通信学报，2010（8）：1 - 8.

［31］ 冯登国，张敏，张妍，等. 云计算安全研究［J］. 软件学报，2011，（1）：71 - 83.

［32］ F J KRAUTHEIM，D S PHATAK，A T SHERMAN. Introducing the Trusted Virtual Environment Module：a New Mechanism for Rooting Trust in Cloud Computing［C］//Proceedings of the 3rd International Conference on Trust and Trustworthy Computing. Berlin，German：Springer - Verlag，2007：211 - 227.

［33］ NUNO SANTOS, KRISHNA PHANI GUMMADI, RODRIGO RODRIGUES. Towards Trusted Cloud Computing［C］//Hotcloud'09 Proceedings of the 2009 Conference on Hot Topics in Cloud Computing. USA：USENIX Society，2009：22 - 31.

［34］ Y SUN，H FANG，Y SONG，et al. Trainbow：a New Trusted Virtual Machine Based Platform［J］. Frontiers of Computer Science in China，2010（1）：47 - 64.

［35］ Li Xiaoyong，Zhou Litao，Shi Yong，et al. A Trusted Computing Environment Model in Cloud Architecture［C］//Proceedings of the Ninth International Conference on Machine Learning and Cybernetics. USA：IEEE Society，2010：11 - 14.

［36］ LYSYANSKAYA J，CAMENISCH A. Dynamic Accumulators and Application to Efficient Revocation of Anonymous Credentials［J］. Advances in Cryptology，2002（2442）：61 - 76.

［37］ Chen Liqun. A Daa Scheme Requiring Less Tpm Resources［J］. Lecture Notes in Computer Science，2011（6151）：350 - 365.

[38] 周彦伟，吴振强，蒋李. 分布式网络环境下的跨域匿名认证机制 [J]. 计算机应用，2011 (8)：2120 - 2124.

[39] FRANZ VIVEK HALDAR，DEEPAK CHANDRA，MICHAEL. Semantic Remote Attestation - a Virtual Machine Directed Approach to Trusted Computing [C] //Usenix Virtual Machine Research and Technology Symposium. USA：Usenix Society，2004：29 - 41.

[40] MANULIS，Chen Liqun，Hans LUHR. Property - based Attestation Without a Trusted Third Party [J]. Lecture Notes in Computer Science，2008 (5222)：31 - 46.

[41] 刘吉强，赵佳，赵勇. 可信计算中远程自动匿名证明的研究 [J]. 计算机学报，2009 (7)：1304 - 1310.

[42] GAIL - JOON Ahn. Encyclopedia of Database Systems [M]. Springer，Boston，MA，USA，2009.

[43] Hakan Lindqvist. Mandatory Access Control [D]. SWEDEN，Umea University，Department of Computing Science，2006.

[44] DAVID F FERRAIOLO，D Richard Kuhn. Role - Based Access Controls [J]. Cryptography and Security，2009 (12)：554 - 563.

[45] PANDEY O，SAHAI A，GOYAL V，et al. Attribute - based encryption for fine - grained access control of encrypted data [C] //Proceedings of the 13th ACM conference on Computer and communications security. USA：ACM，2006：89 - 98.

[46] WINSBOROUGH. Li Ninghui. Towards Practical Automated Trust Negotiation [C] //IEEE 3th International Workshop on Policies for Distributed Systems and Networks. USA：IEEE，2002：92 - 103.

[47] OASIS. Xacmlrefsv1. 83 [EB]. 2005 - 1 - 1. http：//docs. oasis - open. org/xacml/3. 0/xacml - 3. 0 - rbac - v1 - spec - cd - 03 - en. html.

[48] ELISA BERTINO，RODOLFO FERRINI. Supporting Rbac with Xacml + owl [C] //Sacmat '09 Proceedings of the 14th Acm Symposium on Access Control Models and Technologies. USA：ACM Society，2009：145 - 154.

[49] Jia Limin，et al. LUJO BAUER. Xdomain：Cross - border Proofs of Access [C] //Sacmat '09 Proceedings of the 14th Acm Symposium on Access Control Models and Technologies. USA：ACM Society，2009：43 - 52.

[50] 翟征德，冯登国. 基于一个通用的分布式访问控制决策中间件 [J]. 计算机工程与应用，2008 (1)：17 - 22.

[51] 李晓峰，冯登国，徐震，等. 基于扩展 XACML 的策略管理 [J]. 通信学报，2007 (1)：103 - 110.

[52] 聂晓伟，冯登国. 基于可信平台的一种访问控制策略框架——TXACML [J]. 计算机研究与发展，2008 (10)：1676 - 1686.

[53] Lin Qin，Wu Jie，WANG Guojun，et al . Hierarchical Attribute - based Encryption and Scalable User Revocation for Sharing Data in Cloud Servers [J]. Computers and Security，2011 (30)：320 - 331.

[54] 王雅哲，冯登国. 一种 XACML 规则冲突及冗余分析方法 [J]. 计算机学报，2009 (3)：162 - 176.

[55] C Braghin，DoGorla，V Sassone. A Distributed Calculus for Role - based Access Control [C] //17th IEEE Computer Security Foundations Workshop. USA：IEEE，2004：48 - 60.

[56] 廖军，谭浩，刘锦德. 基于 Pi - 演算的 Web 服务组合的描述和验证 [J]. 计算机学报，2005 (4)：635 - 643.

[57] MARK RYAN DIMITAR P，ZHang Nan. Evaluating Access Control Policies Through Model Checking [C] //Isc'05 Proceedings of the 8th International Conference on Information Security. Berlin，Heidelberg：Springer，2005：446 - 460.

［58］ 颜学雄. Web 服务访问控制机制研究 ［D］. 郑州：解放军信息工程大学，2008.

［59］ MARK RYAN PIERRE Y SCHOBBENS, DIMITAR P, GUELEV. Model–checking Access Control Policies ［C］//Foundations of Computer Security Fcs'04. CA, USA：DBLP, 2004：219–230.

［60］ M CARBONE, M NIELSEN, V SASSONE.. A Formal Model for Trust in Dynamic Networks ［C］//Conference on Software Engineering and Formal Methods. USA：IEEE Society, 2003：54–61.

［61］ 史忠植. 高级人工智能 ［M］. 北京：科学出版社，2011.

［62］ SHI Z, DONG M, JIANG Y, et al. A Logic Foundation for the Semantic Web ［J］. Science in China Series F：Information Sciences, 2005, 2 (48)：161–178.

［63］ SCHMIDT–SCHAUß M, SMOLKA G. Attributive Concept Descriptions with Complements ［J］. Artificial Intelligence, 1991, 48 (1)：1–26.

［64］ FHOM H S, SETHMANN R, et al. DETKEN K O. Leveraging Trusted Network Connect for Secure Connection of Mobile Devices to Corporate Networks ［J］. Communications：Wireless in Developing Countries and Networks of the Future, 2010：158–169.

［65］ YAEL TAUMAN, RONALD L RIVEST, ADI SHAMIR. How to Leak a Secret ［J］. Lecture Notes in Computer Science, 2001 (2248)：552–565.

［66］ RUGGERO MORSELLI, ADAM BENDER, JONATHAN KATZ. Ring Signatures：Stronger Definitions, and Constructions Without Random Oracles ［J］. Journal of Cryptology, 2009 (1)：114–138.

［67］ KÜHN U, SELHORST M, STÜBLE C. Realizing Property–based Attestation and Sealing on Commonly Available Hard–and Software ［C］//Proceedings of the 2007 Acm Workshop on Scalable Trusted Computing. USA：ACM Society. 2007：50–57.

［68］ DEQING ZOU, SHANGXIN DU, WEIDE ZHENG, et al. Building Automated Trust Negotiation Architecture in Virtual Computing Environment ［J］. The Journal of Supercomputing, 2011 (1)：69–85.

［69］ 陈小峰，冯登国. 一种多信任域内的直接匿名证明方案 ［J］. 计算机学报，2008 (7)：1122–1130.

［70］ Gruber T R. A Translation Approach to Portable Ontology Specifications ［J］. Knowledge acquisition, 1993, 5 (2)：199–220.

［71］ BENJAMINS V R, Fensel D, STUDER R. Knowledge engineering：principles and methods ［J］. Data & knowledge engineering, 1998, 25 (1)：161–197.

［72］ T BERNERS–LEE. A Roadmap to the Semantic Web ［EB/OL］. http：//www. w3. org/DesignIssues/Semantic. html, 2007.

［73］ SIDDIQUI F, ALAM M A. Web Ontology Language Design and Related Tools：A Survey ［J］. Journal of Emerging Technologies in Web Intelligence, 2011, 3 (1)：47–59.

［74］ GÓMEZ–PÉREZ A, CORCHO O. A roadmap to ontology specification languages ［J］. LNCS. 2002 (1937)：80–96.

［75］ D. FENSEL. Ontologies：Silver Bullet for Knowledge Management and Electronic Commerce ［M］. German：Springer–verlag, 2001.

［76］ FIKES R, HENDLER J, et al. MCGUINNESS D L. DAML+ OIL：an ontology language for the Semantic Web ［J］. Intelligent Systems, IEEE, 2002, 17 (5)：72–80.

［77］ MANOLA F, MILLER E. RDF Primer ［EB/OL］. http：//www. w3. org/rdf–primer, 2010.

［78］ GUHA R, BRICKLEY D. RDF Vocabulary Description Language 1.0：RDF Schema ［M］. USA：W3C Recommendation, 2004.

［79］ VAN HARMELEN F, MCGUINNESS D L. OWL web ontology language overview ［M］. USA：W3C Recommendation, 2004.

［80］GENESERETH MICHAEL，FIKES RICHARD，RONALD BRACHMAN，et al. Knowledge interchange format - version 3. 0：reference manual ［M］. USA：Knowledge Systems Laboratory，1992.

［81］GRUBER T R. Ontolingua：A mechanism to support portable ontologies ［M］. USA：Stanford University，1992.

［82］FRANZ ED，BAADER. The description logic handbook：theory，implementation，and applications ［M］. UK：Cambridge university press，2003.

［83］史忠植，董明楷，蒋运承，等. 语义 Web 的逻辑基础 ［J］. 中国科学 E 辑：信息科学，2004 (10)：1123 - 1138.

［84］JIANG Zhixiong，QIAN Leqiu，PEN Xin，et al. Dynamic Description Logic for Describing Semantic Web Services ［C］//Proceedings of the Second International Multi - symposiums on Computer and Computational Sciences. USA：IEEE Society，2007：212 - 219.

［85］常亮，史忠植，邱莉榕，等. 动态描述逻辑的 Tableau 判定算法 ［J］. 计算机学报，2008 (6)：896 - 909.

［86］EVREN SIRIN，BIJAN PARSIA，BERNARDO CUENCA GRAU，et al. Pellet：A practical owl - dl reasoner ［J］. Web Semantics：science，services and agents on the World Wide Web，2007，5 (2)：51 - 53.

［87］HORROCKS I，TSARKOV D. FaCT++ description logic reasoner：System description ［J］. Automated Reasoning，2006：292 - 297.

［88］HAARSLEV V，MÜLLER R. RACER system description ［J］ Automated Reasoning，2001：701 - 705.

［89］FISLER K，KRISHNAMURTHI S，MEYEROVICH L A，et al. Verification and change - impact analysis of access - control policies ［C］//Proceedings of the 27th international conference on Software engineering. USA：ACM Socirty，2005：196 - 205.

［90］SHRIRAM K，LEO A，FISLER K. Margrave Continue Example ［EB］. http：// www. margrave - tool. org/v1+v2/margrave/versions/01 - 01/examples/continue/，2005 - 1 - 1.

［91］LOPEZ G，GOMEZ - SKARMETA A F，SANCHEZ M，et al. Using Microsoft Office InfoPath to Generate XACML Policies ［C］//E - business and Telecommunication Networks：Third International Conference，ICETE. Setúbal，Portugal：DBLP，2008：134 - 145.

［92］CHANG L. LIN F. SHI ZZ. A Dynamic Description Logic for Representation and Reasoning About Actions ［C］//The 2nd Int'l Conf. on Knowledge Science，Engineering and Management. German：Springer，2007：115 - 127.

［93］C LUTZ，F WOLTER，M ZAKHARYASHEV. Temporal Description Logics：a Survey ［C］// The 15th International Symposium on Temporal Representation and Reasoning. USA：IEEE，2008：3 - 14. 4

［94］HAN J，KAMBER M. Data Mining：Concepts and Techniques ［M］. 2nd edition，San Francisco，USA：MorganKaufmann Publishers，2006.

［95］SWEENEY L. Anonymity：a model for protecting privacy ［J］. International Journal on Uncertainty，Fuzziness and Knowledge - based Systems，2002，10 (5)：557 - 570.

［96］ADAM N，WORTMANN J. Security - Control Methods for Statistical Databases：A Comparison Study ［J］. ACM Computing Surveys，1989，21 (4) s：515 - 556.

［97］PINKAS B. Cryptographic Techniques for Privacy Preserving Data Mining ［J］. ACM SIGKDD Explorations，2002，4 (2)：12 - 19.

［98］YAO A C. How to generate and exchange secrets ［C］// Proceedings of the 27th IEEE Sym. on Foundations of Computer Science F (X2S) . USA：IEEE，1986：162 - 167.

参考文献

［99］ CLIFTON C，KANTARCIOGLOU M，LIN X，et al. Tools for privacy preserving distributed data mining [J]. ACM SIGKDD Explorations，2002，4（2）：28 – 34.

［100］ SAMARATI P，SWEENEY L. Generalizing data to provide anonymity when disclosing information [C] //Proceedings of the 17th ACM SIGMOD – SIGACT – SIGART Symposium on Principles of Database Systems（PODS'98）. Seattle Washington，USA：ACM Press，1998：188 – 204.

［101］ SAMARATI P. Protecting respondent 's identities in microdata release [J]. IEEE Transactions on Knowledge and Data Engineering，2001，13（6）：1010 – 1027.

［102］ SWEENEY L. Achieving k – anonymity privacy protection using generalization and suppression [J]. International Journal on Uncertainly，Fuzziness and Know ledge – based Systems，2002，10（5）：571 – 588.

［103］ 周水庚，李丰，陶宇飞，等. 面向数据库应用的隐私保护研究综述 [J]. 计算机学报，2009，32（05）：847 – 861

［104］ FUNG B C M，WANG K，FU A W，et al. Introduction to Privacy – Preserving Data Publishing：Concepts and Techniques [M]. USA：Chapman and Hall/CRC，2010.

［105］ MACHANAVAJJHALA A，GEHRKE J，KIFER D. l – diversity：privacy beyond – anonymity [C] //Proceedings of the 22nd International Conference on Data Engineering（ICDE06）. USA：IEEE，2006：3 – 8.

［106］ LI Ninghui，LI Tiancheng，SURESH VENKATASUBRAMANIAN. t – Closeness：Privacy Beyond k – Anonymity and l – Diversity [C] //The 23rd International Conference on Data Engineering（ICDE07）. Istanbul. Turkey：IEEE Computer Society Press，2007. 106 – 115.

［107］ RUBNER Y，TOMASI C，GUIBAS L J. The earth mover's distance as a metric for image retrieval [J]. International Journal of Computer Vision，2000，40（2）：99 – 121.

［108］ WONG R C W，LI J，FU A W C，et al. （a，k）– anonymity：An enhanced k – anonymity model for privacy preserving data publishing [C] //Proceedings of the 12th ACM International Conference on Knowledge Discovery and Data Mining（SIGKDD）. Philadelphia，PA，USA：ACM Society，2006：754 – 759.

［109］ ZHANG Q，KOUDAS N，SRIVASTAVA D，et al. Aggregate query answering on anonymized tables [C] //Proceedings of the 23rd IEEE International Conference on Data Engineering（ICDE）. USA：IEEE，2007：157 – 164.

［110］ LI J，TAO Y，XIAO X. Preservation of proximity privacy in publishing numerical sensitive data [C] //Proceedings of the ACM International Conference on Management of Data（SIGMOD）. USA：ACM Society，2008：437 – 486.

［111］ WANG Ke，FUNG C M Benjamin. Anonymizing sequential releases [C] //Proceedings of the 12th ACM SIGKDD International Conference on Knowledge Discovery and Data Mining（SIGKDD），Philadelphia，PA，USA：ACM，2006：414 – 423.

［112］ ERCAN N M，ATZORI M，CLIFTON C W. Hiding the presence of individuals from shared databases [C] //Proceedings of ACM International Conference on Management of Data（SIGMOD）. Beijing，China：ACM Society，2007：665 – 676.

［113］ BAYARDO R，AGRAWAL R. Data privacy through optimal jfe – anonymization [C] //Proceedings of the 21st International Conference on Data Engineering. USA：IEEE，2005：217 – 228.

［114］ XU J，WANG W，PEI J，et al. Utility – Based Anonymization Using Local Recoding [C] //Proceedings of the ACM SIGKDD International Conference on Knowledge Discovery and Data

Mining（SIGKDD），Philadelphia，PA USA：ACM，2006：785-790.

[115] BAYARDO R J，AGRAWAL R. Data privacy through optimal k-anonymizationf [C]//Aberer K，Franklin M，Nishio Seds. Proc，of the 21st IEEE Int'l Conf，on Data Engineering. Washington：IEEE Computer Society，2005. 217-228.

[116] D Dewitt，K Lefevre，R Ramakrishnan. Protecting privacy when disclosing information：k-Anonymity and its enforcement through generalization and suppression [R]. Technical Report. SRI Int'l,1998.

[117] LATANYA SWEENEY. Achieving K-Anonymity privacy protection using generalization and suppression [J] Int'l Journal on Uncertainty，Fuzziness，and Knowledge-based Systems，2002，10（5）：571-588.

[118] SWEENEY L. Anonymity：A model for protecting privacy [J]. Ini'l Journal on Uncertainty. Fuzziness and Knowledge-based Systems，2002，10（5）：557-570.

[119] XU Y，WANG K，FU AWC. et al. Anonymizing transaction databases for publication [C]//Proc，of the 14th ACM SIGKDD Int'l Conf. on Knowledge Discovery and Data Mining. New York：Association for Computing Machinery，2008：767-775.

[120] TERROVITIS M，MAMOULIS N，KALNIS P. Anonymity in unstructured data [R]. Technical Report. Hong Kong：Hong Kong University，2008.

[121] FUNG B C M，WANG K，YU P S. Top-Down specialization for information and privacy preservation [C]//In：Aberer K. Franklin M. Nishio S. eds. Proc，of the 21st IEEE Int'l Conf，on Data Engineering. Washington：IEEE Computer Society，2005：205-216.

[122] FUNG B C M，WANG K，CHEN R，et al. Privacy-Preserving data publishing：A survey on recent developments [J]. ACM Computing Surveys，2010，42（4）：11-53.

[123] IYENGAR V S. Transforming data to satisfy privacy constraintsQC3 [C]// Proc，of the 8th ACM SIGKDD Int'l Conf，on Knowledge Discovery and Data Mining. New York：Association for Computing Machinery，2002：279-288.

[124] D DEWITT D J，Ramakrishnan R. Mondrian multidimensional &-anonymity [C]//In the 22nd IEEE Int'l Conf，on Data Engineering. Washington：IEEE Computer Socieiy，2006：25-25.

[125] WANG K，YU P S，ChAKRABORTY S. Bottom-Up generalization：A data mining solution to privacy protection [C]//Proc，of the 4th IEEE Int'l Conf，on Data Mining. Washington：IEEE Computer Society，2004：249-256.

[126] XIAO X，TAO Y. Anatomy：Simple and effective privacy preservation [C]//Proc，of the 32nd Very large Data Bases. New York：Association for Computing Machinery，2006：139-150.

[127] DEWITT D J，LEFEVRE K，RAMAKRISHNAN R. Incognito：Efficient full-domain k-anonymityt [C]// Proc. of the 2005 ACM SIGMOD Int'l Conf，on Management of Data. New York：Association for Computing Machinery，2005：49-60.

[128] BIJIT HORE，RAVI CHANORA JAMMALAMADAKA，SHARAD MEHROTRA. Flexible anonymization for privacy preserving data publishing：A systematic search based approach [C]// Proc，of the 7th SIAM Int'l Conf，on Data Mining. Philadelphia《 Society for Industrial and Applied Mathematics，2007：497-502.

[129] 吴英杰，唐庆明，倪微伟，等. 基于取整划分函数的小庆名算法 [J] 软件学报，2012. 23（8）：2138-2148.

[130] XU J，WANG W，PEI J，et al. Utility-Based anonymization using local recoding [C]. // Proc，of the 12th ACM SIGKDD Int'l Conf，on Knowledge discovery and data mining. New York：Association for Computing Machinery，2006：785-790.

[131] MACHANAVAJJHALA ASHWIN, KIFER DANIEL, GEHRKE JOHANNES, et al. L - diversity: privacy beyond k - anonymity [J]. ACM Transactions on Knowledge Discovery from Data, 2006, 1 (1): 24 - 32.

[132] Asuncion, Newman. UCJ machine learning repository [OL]. https://archive. ics. uci. edu/ml/index. php, 2010.

[133] C Dwork. Afirm foundation for private data analysis. [J]. Communications of the ACM, 2011. 54 (1): 86 - 95.

[134] K KENTHAPADI, N MISHRA, K NISSIM. Simulatable auditing [C] //24th ACM Symposium on Principles of Database Systems, 2005 New York, NY, USA: ACM, 2005: 118 - 127.

[135] NOMAN Mohammed, RUi ChEN, et al. Differentially Private Data Release for Data Mining [C] // KDD'11, 2011. New York, NY, USA: ACM, 2011: 493 - 501.

[136] P Samarati. Protecting respondents' identities in microdata release [J]. IEEE Transactions on Knowledge and Data Engineering, 2001. 6 (13): 1010 - 1027.

[137] L SWEENEY. k - anonymity: A model for protecting privacy [J]. IEEE Security And Privacy, 2002, 5 (10) : 557 - 570.

[138] DINUR I, NISSIOM K. Revealing information while preserving privacy [C] //the 22nd ACM Symposium on Principles of Database Systems. New York, NY, USA: ACM, 2003: 202 - 210.

[139] C DWORK. Differential privacy [C] //ICALP'06, Venice, Italy: Springer Verlag, 2006: 1 - 12.

[140] 金华, 刘善成, 鞠时光. 面向多敏感属性医疗数据发布的隐私保护技术 [J]. 计算机科学, 2011, 38 (12): 171 - 177.

[141] BOAZ BARAK, KAMALIKA CHAUDHURI, CYNTHIA DWORK, et al. Privacy, accuracy, and consistency too: a holistic solution to contingency table release: PODS'07, 2007 [C]. Beijing, China: Association for Computing Machinery, Inc, 2007: 273 - 282.

[142] CYNTHIA DWORK. Differential privacy: A survey of Results. TAMC08, 2008 [C]. Xi'an, China: pringer - Verlag, 2008: 1 - 19.

[143] CYNTHIA DWORK, FRANK MCSHERRY, KOBBI NISSIM, et al. Calibrating noise to sensitivity in private data analysis: TCC'06, 2006 [C]. New York, NY, USA: Springer, 2006: 265 - 284.

[144] JEFFREY DEAN, SANJAY GHEMAWAT. MapReduce: Simplified Data Processing on Large Clusters. [J]. Communications of the ACM, 2008, 1 (51): 107 - 113.

[145] 刘欣阳, 王国仁, 乔百友, 等. 决策树的并行训练策略. [J]. 计算机科学, 2004 (31): 129 - 130, 135.

[146] VENU SATULURI. A survey of parallel algorithm for classification [C] // the International Parallel Processing Symposium, 2007, 2 (21): 1233 - 1245.

[147] FRANK MCSHERRY. Privacy integrated queries: an extensible platform for privacy - preserving data analysis. [J]. Communications of the ACM, 2010, 9 (53): 89 - 97.

[148] FRANK MCSHERRY, KUNAL TALWAR. Mechanism design via differential privacy: FOCS07, 2007 [C]. Washington, DC, USA: IEEE Computer Society, 2007: 94 - 103

[149] DWORK C. Differeniial privacy in new settings [C] //SODA. USA: ACM, 2010: 174 - 183.

[150] DWORK C, NAOR M, PITASSI T, et al. Differential privacy under continual observation [C] // STOC '10: Proceedings of the forty - second ACM symposium on Theory of computing. USA: ACM, 2010: 715 - 724.

[151] DWORK C. NAOR M. PITASSI T, et al. Pan - private streaming algorithms [J]. The First Symposium on Innovations in Computer Science, 2010: 66 - 80.

[152] CHAN T，SHI E，SONG D. Private and Continual Release of Statistics [J]. ACM Transactions on Information and System Security (ATIS). USA：ACM，2011，14（3）：15 – 26.

[153] CAO J，XIAO Q，GHINITA G，et al. Efficient and Accurate Strategies for Differentially – Private Sliding Window Queries [C] // EDBT '13：Proceedings of the 16th International Conference on Extending Database Technology. USA：ACM，2013：191 – 200.

[154] SHI E，CHAN T，RIEFFEL E，et al. Privacy – preserving aggregation of lime – xeries data [C] //NDSS，2013：45 – 57.

[155] CHAN T，LI M，SHI E，et al. Differentially private continual monitoring of heavy hitters from distributed streams [C] //International Conference on Privacy Enhancing Technologies. German：Springer – Verlag，2012：140 – 159.

[156] MISRA J，GRIES D. Finding repeated elements [J]. ence of Computer Programming，1982，2（2）：143 – 152.

[157] 林富鹏，吴英杰，王一蕾，等. 差分隐私二维数据流统计发布 [J]. 计算机应用，2015，35（1），88 – 92.

[158] MONIKA RAUCH HENZINGER，PRABHAKAR RAGHAVAN，SRIDAR RAJAGOPA-LAN. Computing on Data Streams [R]. SRC Technical Note，Digital systems research center，Palo Alto，California，USA，1998.

[159] MONIKA HENZINGER，PRABHAKAR RAGHAVAN，SRIDAR Rajagopalan. Computing on data streams. [J] External memory algorithms . 1998：107 – 118.

[160] BABCOCK B. et al. Models and Issues in Data Stream Systems [C] // ACM PODS Conference. USA：ACM，2002：172 – 186.